山顶视角

代表作定制出版

成就顶尖高手代表作

让阅读更有价值

NEGAHOLICS

Overcome Negative and Reclaim Your Happiness

消极成瘾

转化消极，开启幸福

[美] 谢莉·卡特-斯科特◎著
王 薇 杨桂英◎译

北京联合出版公司
Beijing United Publishing Co.,Ltd.

图书在版编目（CIP）数据

消极成瘾：转化消极，开启幸福 / (美) 谢莉· 卡特–斯科特著；王薇，杨桂英译. -- 北京：北京联合出版公司，2025. 6. -- ISBN 978-7-5596-8480-6

Ⅰ. B842.6-49

中国国家版本馆CIP数据核字第2025M767C2号

北京市版权局著作权合同登记 图字：01-2025-1660 号

消极成瘾：转化消极，开启幸福

［美］谢莉·卡特-斯科特　著
王　薇　杨桂英　译

出 品 人：赵红仕
出版监制：刘　凯　李　欣
选题策划：山顶视角
策划编辑：王留全　李俊佩
责任编辑：李建波
封面设计：创研设 BOOK Design QQ:418808878
版式设计：聯合書莊
内文排版：梁　霞

关注联合低音

北京联合出版公司出版
（北京市西城区德外大街83号楼9层　100088）
北京联合天畅文化传播公司发行
北京美图印务有限公司印刷　新华书店经销
字数176千字　880毫米×1230毫米　1/32　9.25印张
2025年6月第1版　2025年6月第1次印刷
ISBN 978-7-5596-8480-6
定价：68.00元

致　谢

谨以此书献给所有为 MMS 全球学院（MMS Worldwide Insitute）[1] 教练培训课程、管理发展课程和个人成长课程，特别是“内在自我谈判工作坊”（The Inner Negotiation Workshop）的兴旺发展付出时间、精力、贡献和爱的人。

献给我的两位挚爱且高度敬业的合作伙伴：林恩·斯图尔特（Lynn Stewart）和迈克尔·波米杰（Michael Pomije），我们共同成就了本书。

[1] MMS 全球学院：MMS 即“Motivation（动力）、Management（管理）、Service（服务）”的英文缩写。MMS 全球学院是全球最早的教练机构之一，由谢莉·卡特 - 斯科特博士于 1974 年创立，在教练培训、企业变革、管理咨询、高管教练等方面拥有丰富的经验。自创立以来，MMS 全球学院已在全球五大洲 30 个国家和地区培训了超过 10 000 名 MMS 认证教练。——编者注

献给沃伦·本尼斯（Warren Bennis）、戴安娜·瑞弗兰德（Diane Reverand）和吉姆·斯坦恩（Jim Stein），正是他们的信任和反馈，为本书增添了许多光彩。

本书中使用的所有研究案例，均基于教练工作坊学员、MMS 全球学院客户的实际经历。基于隐私保护，书中所有姓名均为化名。在此，也特别感谢他们的付出和贡献。

推荐语

（按姓氏音序排列）

董　菊　上海迪士尼度假区首席财务官

谢莉博士的《消极成瘾》让我更加清晰地聆听到“自我”内在的声音，以及我们是如何沉溺于自我责备和怀疑的。能够聆听和反思这些声音，是开启智慧宝库的钥匙。我认为所有追求成长的人都应该读一读这本书。

董莉君　艾伯维（AbbVie）副总裁、中国区总经理

作为高管，我们每天都在面对各种挑战和压力。《消极成瘾》帮助我深入理解了消极情绪的根源，并提供了实用的工具来管理这些情绪，让我在工作中能保持更积极的心态，提升决策效率和领导力；还让我学会了如何通过积极的心态和行为来激励团队成员，提升团队的凝聚力和战斗力。

付　强　畅销书作者、全球CEO教练、全球领导力专家

我与谢莉博士的缘分始于跟随她学习教练技术。作为学生及同行晚辈，我一直被她对人性的深刻洞察力所折服，也深深地被她对生活与工作的热情和真诚感染。《消极成瘾》一书以生动且富有洞见的文字，引导读者去探索我们如何在无意识中被负面思维束缚从而限制自身成长的可能性。书中用多个章节深入剖析了负面思维的形成机制，并提供了一系列实用的策略与方法，能帮助读者打破自我设限，培养积极、成长导向的思维模式。无论你正处于自我探索的旅程，希望重塑思维、激发潜能，还是作为企业管理者，正在积极寻找能够促进团队文化建设、提升团队活力的实用方法，这本书都将是不可多得的宝贵指南。它不仅能帮助个人摆脱消极循环，更能为组织带来深远的影响，推动真正的转变与成长。

洪廷安博士　德勤中国前副主席

谢莉博士的《消极成瘾》像一位温和的朋友，揭开了我们如何被内心的“我不配”“我做不到”悄悄困住的真相。她不指责你的消极，而是用真实的故事和实用小工具，帮你纠正自我否定的习惯，比如在搞砸事情前问自己一句：“这真是事实吗？”这本书太有启发力量了！

李迈之 霍尼韦尔前亚太区首席商务官

《消极成瘾》凝聚了谢莉博士数十年帮助人们克服负面思维的经验，这本书充满了强有力的工具和深刻的洞见，能够带来真正的改变。作为接受过她培训的教练，我可以毫不犹豫地说，这本书是个人成长和职业发展的宝贵资源。

梁戈碧 微软（亚洲）互联网工程院副院长

阅读《消极成瘾》对我而言是一次改变人生的体验。这本书帮助我识别并理解了一直阻碍我实现目标和获得幸福的消极自我对话及行为模式，书中提供的实用工具和技巧使我能够有效管理压力，重新与内心感受建立联结，并塑造积极的自我形象。现在的我更加自信，具备了战胜消极情绪的能力，准备好迎接充满快乐和满足感的人生。

林　钦 ETU 体验设计 & 咨询董事长

《消极成瘾》是一面照见人性暗角的魔镜——它会让你惊觉：那些职场中的自我怀疑、育儿时的焦虑投射、深夜里的“我不配得”……竟都是悄然成瘾的“精神毒瘾”！当你看穿“消极”不过是大脑的一场骗局时，自由才真正开始。

王　戈 MindSpan（畅导力发展）创始人、CEO

作为专业教练和人类行为的观察者，我深刻理解我在某处读过的一句话的含义，即“恐惧所害死的人数超过一战和二战阵亡者的总和”。恐惧虽然并非枪炮，但它却可以让人因为自我怀疑和害怕而完全失去本来拥有的力量和自信。谢莉博士的《消极成瘾》就像是一部自我接受和自我肯定的宣言，有力地激发了人们对自我成长和自我掌控的信心。同时，通过深刻的心理学研究、分析和基于大量教练实践的工具，这本书可以帮助那些在寻求自我认知突破的人找到他们内在的认知障碍，并赋能他们勇敢地追求自我发展和人生成就。

目　录

CONTENTS

中文版序

亲爱的中国读者们!

非常荣幸我的作品可以跨越文化的界限来到中国与你们见面。我很高兴地宣布，这本书是一本畅销书，已被翻译成 14 种语言出版。令人欣喜的是，2025 年是它首次在中国大陆以中文的形式出版，并且专门为我们的中国读者进行了修订！愿本书能帮你们驱散阴霾，积极拥抱生活。期待你们能喜欢!

孩童时期的我是个“乖乖女”——非常听大人的话，做事中规中矩，活在周围人的认可和赞赏中。然而，尽管我竭尽全力地努力，却常常感觉自己吸引到的是负面的关注。这种矛盾让我感到困惑。上高中之前，我停下来问了自己一个改变人生的问题：生活真的必须这样吗？我是否注定永远受到负面关注的影响?

我不知道答案，但我决定进行一个实验。“如果我能改变游戏规则呢？”我想。“如果我能有意识地选择接受正面的关注呢？”毕竟，无论是正面还是负面的关注，关注就是关注。“如果我可以掌控自己所能接受的关注类型呢？”于是，我开始尝试改变自己的能量和行为，去吸引积极的反馈。结果令我惊喜，这样做真的有效。这次简单的实验开启了我的内省之旅。

我在一个有酗酒问题的家庭中长大，得到的爱阴晴不定。消极情绪在我生命的早期就埋下了种子，消极心态似乎已经成为我生活的一部分。我又问了自己一个关键问题：“我能对自己的消极倾向做什么？”这个问题促使我进行新的实验。我开始留意自己在自我贬低、遇到事情想象最坏的结果或者因害怕而抓不住机会时的表现。我努力提高自我意识，决心改变自己内心的声音。

有一天，我意识到我的脑海中有一个批判的声音在批评周围的每一个人。我心想：“我真的是世界上唯一完美的人吗？”我知道，这个想法显然是荒谬的，但我却不由自主地想要挑别人的毛病。经过反思，我明白了一个让人不太舒服的真相：贬低他人，能让我暂时感到自尊心有所提升。这是一种我在无意中用来保护自己的方式，实际上它是因为内心的不安全感而产生的一种不太健康的应对策略。

随着时间的推移，我将自己的问题和发现藏在心里，默默观察和分析自己的行为和思考模式，并尝试新的思维方式及做出行为改变。随后，意想不到的事情发生了：越来越多的人开始来找我，向我寻求帮助。他们想要克服自己自我贬低的倾向，于是我就把自己有效的经验分享给了他们。就这样，我的个人实验神奇地吸引了他人的关注。

随着这些实验的深入，效果显著：从企业高管到全职妈妈，很多人开始搭建起从消极到积极、健康的人际关系的桥梁。当一些客户问我是否愿意与他们公司里的员工合作时，我欣然同意。在这个过程中，我意识到了一个重要的真理：关注是克服消极的关键。我的旅程始于认识到我需要关注，但关注的类型——积极或消极——是我可以去选择、去影响的。

最终，一家在全球运营的美国公司邀请我开发关于克服"消极成瘾"（Negaholics[1]）的全方位知识体系。我开始写书、录音、制作视频……采取各种方式帮助大家改变自己的生活。于是我成了该公司克服消极情绪的主题专家。

《消极成瘾》中所描述的成瘾，是对消极心态的无意识成瘾——消极的思想、情感、信念、行为模式和自我认知。很多人常常忽略了自己拥有主动改变的权力：这种成瘾是可转变的。我自己的生活以及他人生活的改变已经反复证明：转变是完全可以做到的。

这本书是为你，你的同事、朋友，甚至你的孩子准备的指

[1] Negaholics：由 Negative（消极、负面）一词前半部分"Nega"加"holic"（对……上瘾）组成的合成词的复数形式。

南。它是一个工具，帮助你识别、理解和克服各种形式的消极倾向。让本书成为你从自我怀疑走向自信、从恐惧走向勇敢选择、从绝望走向希望的桥梁。

愿你所有的愿景、梦想和目标都能成为现实。

谢莉·卡特－斯科特博士

大师级教练（MCC）

序　言

“消极成瘾”指的是人们在不自觉中放弃自己的梦想和目标。许多人会低估自己的能力，告诉自己无法做到某些事情，这样一来反而会阻碍自己的愿望和抱负的实现，也限制了自己获得快乐和成就的机会。

这本书探讨了“消极成瘾”在我们日常生活中的表现形式。那些让我们感到不被重视或被忽视的信念和态度，不是个别现象，而是普遍存在的情况。

当你阅读这本书时，你可能会发现身边有一些“消极成瘾者”。你会更好地理解他们，而不是去评判他们。书中介绍的工具和技巧将让你能支持、帮助那些陷入消极状态的人，帮助他们摆脱旧有的负面思维，开启积极、健康和快乐的生活。

回到 1974 年 10 月，某天我突然有一个灵感，想要帮助人们在面对挑战时自己能找到答案。我意识到，我可以创造一个安全的环境，支持人们找到自己的解决方案。在我的生活中，我一直依靠直觉来帮助别人。有一天，我接到一个朋友的电话，他希望我帮他厘清公司的愿景并制定如何成功的战略。在我们的教练会谈后，他对结果非常满意，事后分享给了他的朋友们。于是，我的电话开始络绎不绝，很多人向我咨询各种问题，诸如职业选择、人际关系、健康挑战、去哪里住，以及如何实现自己的梦想等等。我被这些突如其来的问题弄得有些不知所措，于是告诉他们，我不会给出直接建议，而是会通过提问来帮助他们找到自己的答案。事实上，他们自己找到的答案往往比我给的建议更有效。

当我开始做教练工作时，我发现我的客户们取得的成果真是令人惊喜。每个人都能找到自己内心真正的答案，这完全符合他们心底的愿望。我所说的“真正的答案”，并不是指他们应该做什么，而是他们内心真正想做的事情。这些答案源自他们内心的共鸣，而不是那些听起来不错或被别人认可的所谓“正确的答案”。每一个我教练过的人内心都有这样的答案，而且这些答案不会让人感到抵触，整个教练对话过程既简单又有深度。

起初，我有些顾虑，担心需要特殊的学位、证书或执照，自己才能进行教练工作。于是，我给一位朋友打了电话，他是精神科医生，我向他咨询我所做的事是否会对别人造成伤害。他问我是否在进行精神分析、开处方、给建议或提供指导。我告诉他，恰恰相反，我只是提出一些开放式的问题，并认真倾听，把全部注意力放在客户身上。朋友告诉我，很多专业人士都会通过提问来帮助客户，这样做没有问题。咨询顾问、销售人员，甚至旅行社的工作人员，都会通过提问来获取关键信息，以更好地服务客户。他还说，提问题并不需要任何学历或证书。

有一天，一位朋友给我打电话，她听说了我在教练工作上做得很不错。我谦虚地回答说，我只是问了一些简单的问题。她却觉得我的教练过程很特别，想要亲自来现场观摩。正巧，我的一位客户同意让她观摩。教练对话结束后，朋友兴奋地说："太棒了！你提出了开放式的问题，完全没有评判。你创造了一个安全的环境，鼓励客户发挥想象力去探索自己的愿望。你没有给他任何建议，也没有预设方向，完全让他自己去发现！"

我说："没错，但我觉得任何人都可以这样做。"

朋友却反驳道："并不是，其他人做不到，你确实很有天赋。"

我半开玩笑地说："别这样，我只是问了几个简单的问题而已。"

她接着说："我可以听完一段音乐，马上就能在钢琴上弹出来。你能做到吗？"

我回答："我做不到，你才有真正的天赋！"

她却说："你也有天赋。很多人都没有意识到，每个人都有一种与生俱来的能力。你的天赋就是能帮助别人找到内心的答案。看你能如此自然地做到这一点，真是令人惊叹，这不是每个人都能做到的。相信我，我知道我在说什么。"

不久之后，我的这位朋友作为合伙人加入了我新创办的公司——MMS（Motivation Management Service，动力管理服务），后来改名为“MMS全球学院”，专注于在亚洲提供教练服务。我们设计推出了一个研讨会，旨在帮助人们提升自我管理能力。随着客户需求的变化，我们推出了“内在自我谈判工作坊”，旨在帮助个人突破障碍，发现自己内在的力量。

我曾在一对一和团体工作坊中担任教练，发现大家面对的核心问题都很相似，比如：

- 如何过上理想的生活？
- 如何建立理想的人际关系？
- 如何拥有健康的身体？
- 如何让自己感觉良好？
- 如何找到适合自己的工作？
- 怎么做才能既有成就感又能赚到钱？
- 如何打造理想的生活环境？
- 如何规划人生，实现自己的目标？

教练过程分为三个部分：①明确客户的需求；②制订行动计划；③支持客户实现梦想。

在教练的过程中，针对每位客户的挑战都有清晰的开始、中间和结束时间。我们关注的不是“为什么”或“如何”，而是

“是什么”和“何时”。你心中渴望的究竟是什么？它又以何种姿态展现在你眼前？为了实现这一愿景，你又愿意付出怎样的代价？通往目标的道路需要哪些基石来铺设？这个过程简单明了，旨在迅速找到解决方案。整个过程宛如一次短途旅行，旨在寻找那把解锁问题的钥匙。教练通过诚实而直接的问题，帮助客户感到安全并受到鼓舞，促使他们深入自己的内心，验证自己的想法。整个过程没有任何事先的预设。在这个过程中，学生与教师、观众与演员、旁观者与参与者的角色不断变换，仿佛是一场角色互换的游戏。教练并非无所不知的专家，而是你发现自我之旅中的催化剂，是推动改变的力量，更是助你适时重生、真正活出自我的助产士。

被誉为“现代激励理论之父”的美国心理学家亚伯拉罕·马斯洛（Abraham Maslow，1908—1970），在深入研究人类心理的基础上撰写了经典著作《动机与人格》（*Motivation And Personality*）。他提出：人类并非传统理论描述的被动个体，而是具有强大潜能、理性思维与自主意识的能动主体。其核心心理论认为，人类的需求呈现动态递进特征——当某一层次需求获得满足后，更高层次的需求就会自然显现。通过著名的“需求层次理论”模型，马斯洛系统阐述了人类的需求从基础生存、安全、社交、尊重到自我实现的五层递进结构。

在与来自世界各地不同背景的客户合作中，我发现，尽管他们关注的事情各不相同，但大部分人都遵循着马斯洛的需求层次理论。有些人关心基本的生存问题，比如吃什么、住在哪里、穿什么；而另一些人则关注工作变化、婚姻问题或人生目标等。

虽然他们的关注点不同，但无论背景如何，似乎大家都面临一个共同的核心问题。

这个问题如此微妙和难以捉摸，以至于很多人甚至不知道该如何称呼或解决它。这个问题有时被称为“脑海中的声音”“内心的对话”“喋喋不休的思维”，甚至是“内心的小精灵”“挑剔的自我”等等。

你有没有在脑海中听到过那些喋喋不休的声音？如果有，那你并不孤单，许多成年人都有这样的经历。

“消极成瘾”这个概念是我在多年研究和实践的基础上提出来的。通过我书中的技巧，许多客户已经成功克服了这种负面情绪。

本书的核心主题是如何克服消极成瘾，克服消极情绪。我希望为你提供一些有效的工具、技能和策略，帮助你和你周围的人走出消极的阴影，迎接更快乐的生活，追求你真正想要的未来。

我写这本书的初衷，就是希望帮助你勇敢地为自己发声，争取自己的权利，表达真实的感受，明确自己想要的东西，并找到实现的路径。

- 直面“我不能”的想法；
- 强化“我能”的信念，让它们更有力量；
- 提前避开消极攻击；
- 保持健康的自我形象；
- 让过去的消极经历不再困扰你；
- 实现你想要的生活。

希望这本书能为你带来启发与帮助！

01

消极成瘾

你有没有过下面这些想法?

- 放弃一段关系,只因你认为对方的能力和水平与自己相去甚远。
- 放弃一个工作机会,因为你害怕自己在激烈的竞争中败下阵来。
- 放弃一项运动挑战,因为你恐惧失败,不能坚持。
- 放弃尝试一件新事物,因为你不愿在众人面前显得愚蠢和尴尬。
- 放弃购买一件昂贵的艺术品,因为你怀疑自己的品位。
- 放弃减重的目标,因为你觉得自己缺乏毅力。
- 放弃规划一个假期,因为你担心某些紧急情况会打乱你的行程。

- 放弃买一辆心仪已久的汽车，因为心里一直在纠结价格。

如果你曾在这些时刻选择放弃你的愿望、希望或梦想，那么请参与我们的小测试。这是一个自我评估的工具，旨在帮助你揭示内心深处的思维模式，让你更清晰地了解自己。读完本书后，你将掌握如何改变旧习惯和行为的策略，通过清晰的步骤逐步养成新的好习惯。现在，就让我们一起开始这场“消极成瘾者测试”的旅程吧。

你是否有“消极成瘾”的倾向？

来看看表 1-1 所列举的问题，帮助你了解自己的状态。

表 1-1　“消极成瘾”倾向自测表

1. 早上起床时你是否觉得很难？	□ 是	□ 否
2. 你是否常常想起过去的失败？	□ 是	□ 否
3. 你是否习惯性地考虑最坏的结果，以防万一？	□ 是	□ 否
4. 听到好消息时，你会担心坏消息会随之而来吗？	□ 是	□ 否

续表

5. 当别人问你想要什么时，你是否常常回答“我不知道”？	□ 是	□ 否
6. 你会不会在别人询问你想要的东西时说“无所谓”？	□ 是	□ 否
7. 你是否因为过去的错误而不敢尝试新事物?	□ 是	□ 否
8. 想到伟大目标时，脑海中是否有声音在说:“你做不到”？	□ 是	□ 否
9. 你对自己的“待办事项”清单感到无聊或没激情吗?	□ 是	□ 否
10. 你是否经常挑剔自己做的小事?	□ 是	□ 否
11. 你是否注意到内心有声音在贬低你?	□ 是	□ 否
12. 你有没有因为一直没完成任务而批评自己?	□ 是	□ 否
13. 你很难为自己的成就感到高兴吗?	□ 是	□ 否
14. 想到目标时，内心是否有声音在质疑你?	□ 是	□ 否
15. 当朋友夸奖你时，你会敷衍地回应吗?	□ 是	□ 否
16. 照镜子时，你会在意自己的皱纹和白发吗?	□ 是	□ 否

续表

你觉得自己能否实现以下梦想？		
17. 拥有理想的家？	□ 是	□ 否
18. 拥有理想的关系？	□ 是	□ 否
19. 赚到想要的钱？	□ 是	□ 否
20. 拥有自己梦寐以求的身材？	□ 是	□ 否
21. 有一份自己喜欢并觉得充实的工作？	□ 是	□ 否
你是否经常对自己感到生气……		
22. 因为花钱太多？	□ 是	□ 否
23. 因为吃得太多？	□ 是	□ 否
24. 因为喝酒喝得太多？	□ 是	□ 否
25. 因为没有合理利用时间？	□ 是	□ 否
你是否经常产生以下情绪……		
26. 对自己或他人感到愤怒？	□ 是	□ 否

续表

27. 对生活中的事物普遍感到焦虑，还是只对特定事情感到焦虑？	□是	□否
28. 有时不知道该怎么做？	□是	□否
29. 对任何事情都（或无缘无故地）感到抑郁？	□是	□否
30. 经常犹豫不决？	□是	□否
31. 感到不耐烦？	□是	□否
32. 没有安全感？	□是	□否
33. 感到孤独？	□是	□否
34. 常常后悔？	□是	□否
35. 不开心？	□是	□否
36. 感觉不被爱？	□是	□否
37. 经常担心？	□是	□否
你是否很少感到……		
38. 平静？	□是	□否

续表

39. 有能力?	□是	□否
40. 确定性?	□是	□否
41. 胜任?	□是	□否
42. 有信心?	□是	□否
43. 热情?	□是	□否
44. 开心?	□是	□否
45. 享受?	□是	□否
46. 被爱?	□是	□否
47. 乐观?	□是	□否
48. 强大?	□是	□否
49. 满意?	□是	□否
50. 经常工作却很少体验到成就感和满足感?	□是	□否

请先将“是”的答案相加，再将“否”的答案相加。

“消极成瘾”倾向自测评分

为了了解你是否有“消极成瘾”的倾向，结合表 1-1，请像以下这样给自己打分：

第 1 ~ 16 题，每回答一个“是”，计 2 分；

第 17 ~ 21 题，每回答一个“否”，计 2 分；

第 22 ~ 50 题，每回答一个“是”，计 2 分；

计算你的总分，并参考下面对应的得分范围说明。

0 分：恭喜你！你有很强的自我认同感和自尊心，过着健康而充实的生活，没有消极情绪成瘾。

1 ~ 24 分：你有轻微的消极情绪，但不必太担心。使用这本书中的工具，特别是每天的感恩练习，你会过上更精彩的生活。

25 ~ 40 分：你有一定的消极情绪，可能与家族遗传有关。如果处理及时，解决问题会比较容易；如果不加以重视，可能会影响你的自我形象和心理健康。

41 ~ 60 分：你需要认真对待这个问题。如果不加以关注，你可能会变得更加消极。需要每天积极行动，通过记录、写日记和感恩练习来改善这种状况。

61～80分：你正处于危险区域，不能再忽视这个问题。你的状况很严重，消极情绪已深入你的思维和感情中。请阅读这本书，按照建议的方法来转变你的心态。

81～100分：你经常陷入消极情绪，需要立即采取措施加以改善。你的消极情绪已经非常严重，不能再忽视了。消极情绪是如此微妙，以至于你几乎没有注意到它，它弥漫在你的思想和感情中。仔细阅读这本书，跟着练习，把相关原则融入你的生活。立即开始！伴随积极自我形象的新生活正在徐徐展开，充满着对生活的肯定。

在评分后，你可能会有三种感受：一是感到沮丧；二是忧虑自己的状况，担心是否有可能改变这种消极的心态；三是对找到解决方案感到兴奋。当得知有一本书正是为了解决你的困扰而写时，你可能会因为有了朋友的支持和指导而感到一丝兴奋，看到了逐步克服消极成瘾倾向的希望。

如果你处于消极情绪状态，几乎每天都会经历内心的斗争。在这个斗争中，“我能”的声音和“我不能”的声音不停地在你心中交战。

想象一下，你坐在台下，看着一位演讲者或者表演者，心里想着：“我也能做到！我能比他做得更好！如果有机会，我绝对会表现得更棒！”这就是你内心中那种自信的一面：它渴望展现自己的能力，交朋友，面对挑战；它相信自己可以掌控生活，充满独立和信心，几乎没有怀疑和迷茫。

然而，这只是你内心的一部分。如果只有“我能”这一面，生活可能会简单得多，但事情并没有那么容易。生活中，你可能会听到一种与“我能”截然相反的声音，它劝你放弃自己的梦想。这就是“我不能”的声音，它主要是出于保护，想避免你遭受尴尬或羞辱。它告诉你“你做不到”，并让你觉得许多事情超出了你的能力。这部分的声音源于恐惧和自我怀疑。

生活中一个重要的挑战就是学会管理内心的“我不能”，同时培养强大而稳健的“我能，我行”的信念。这个过程并不是一朝一夕就能做到的。

消极成瘾是一种无法掌控和主宰自己生活的状态。如果你是一个消极成瘾的人，你很早就知道，你需要通过受伤、生病、迟到、把房间弄得一团糟、说谎、惹麻烦和表现得难以相处来获得关注，而不是通过听话、守规矩得到重视。随着时间的推移，这些行为不断重复，让你内化出了一个动机系统，由此你从消极行为中得到的关注远多于从积极行为中得到的。

这种消极成瘾的倾向主要来源于三个方面：生理、情感和心理。这些体验深深扎根在你的内心，并在日常生活中不断被强化。因此，打破这种循环需要时间和努力，但这是值得的，因为它能帮助你走向更积极的生活方式。

丹尼的消极成瘾表现

丹尼是个挺招人喜欢的中年大叔，总是笑眯眯的，跟谁都热情打招呼：“你好吗？”他那灰褐色的头发和瘦小的身材，让他看起来就像个隐形人。他说话的时候特别谦卑，还带着点鼻音，你得使劲听才能听清。虽然他看起来挺快乐的，但你总会怀疑他的那些笑容是不是装出来的。

有一天早晨，我们聊了聊真心话。丹尼跟我说：“有些日子我醒来后感觉特别好，但有些日子我就焦虑得不行，担心这个担心那个，对什么都害怕。这种情况没什么规律，有时候醒来心情好，有时候又糟糕透顶。在我还没醒之前，我根本不知道今天会是啥样。好像也没什么东西能导致我情绪变化，但就是有时候醒来后心情特别差。”

我知道丹尼在说什么，理解他的感受。从生理学的角度来看，他的大脑可能缺乏一种叫作血清素的物质，这会导致产生消极情绪。过去几十年来，我一直在寻找一种“药丸”，希望它能给人提供专注力和积极的能量，而且没有副作用。最近，我终于找到了一种能够改善血清素水平的草药，我每天都会服用。如果你想了解更多，可以给我发邮件，地址是 office@themms.com，邮件标题写“克服消极情绪的小金药片”即可。

如果一个人长期被消极情绪所困扰，那么他就需要有愿望、动力、信念和努力来改变这种状态。在这本书里，我会与大家分享一些技巧和工具，帮助你克服消极成瘾。但最重要的是，你需要愿意并努力每天都去实践，甚至可能需要一辈子的坚持。

如果你想成为一名钢琴家，并在音乐会上演出，你不会只在演出前一天才开始练习。你会每天都练习，为这个重要的时刻做好准备。当演出那天到来时，你会感到自信，因为你知道自己已经付出了努力。很多人都有这样的想法和动力，但真正的问题是：你是否真的愿意努力去改变现状？

许多人害怕自己无法改变，他们觉得自己是习惯的囚徒，认为自己太老、太懒或太固执。但如果你有这样的担忧，就要停止这种想法。养成一个新习惯至少需要一个月的坚持，而改掉一个旧习惯则至少需要两个月的时间。这需要耐心，变化不会立刻出现，但它确实会发生。记住，一切皆有可能，只要你有愿望、动力、信念和努力。

你需要耐心和坚定的决心，理解他人并不轻言放弃，同时还要有同情心和毅力。这是一种全新的与自己和谐相处的方式，虽然并不复杂，但需要付出努力。如果你心中有疑虑，那也没关系。试着打开你的心灵之门，迎接无限的可能性吧！

这是一段探索内心世界的旅程，它将帮助你更深入地认识自我，并找到能实现真正持久改变的关键。

醒来面对战争

我问丹尼，他上次醒来后感觉很糟糕是什么时候。他说：“前一晚我上床睡觉时还好好的呢，结果一觉醒来，天都亮了，我却跟被搅浑的水一样，乱成一团。”

“什么意思啊？”我追问道。

“就好像我被攻击了一样。我觉得自己像在躲避子弹和导弹似的，还没等我下床呢，它们就‘嗖嗖’地往我头上砸。”

“丹尼，这种攻击是什么样的？”我小心翼翼地问。

“焦虑、恐慌、害怕……我被一群战斗机飞行员从各个角度俯冲轰炸。我心情很好，面带微笑地上床睡觉，结果一觉醒来就身处战区之中！”

“告诉我，战斗机飞行员对你说了什么？”我试探着问。

“他们先是说我的投资出了问题，然后又说我和女人的关系，最后开始攻击我的年龄。这实在太可怕了。毕竟，我对自己的年龄无能为力。”丹尼说着，连连摇头。

“你能告诉我他们说了些什么吗？”我催促道。

“要忘记那些话真的不容易。我都不知道是什么时候开始的，反正一觉醒来我就在战争中了。我记得的第一个声音是：‘你的那些投资真是糟透了！你知道你损失了多少钱吗？别人都在房地产上赚翻了，而你呢，却把自己的财产亏得一塌糊涂。我真不敢相信，你竟然没预见到这一点。泡沫肯定会破的，但你太贪心了。你早该知道的，你的钱再也回不来了。以你的年纪，也赚不回来了。你会一无所有，甚至无家可归，那谁还会要你？你就是个失败者，永远都不会成功！’”说着，丹尼垂下了头，然后突然又抬起头来说：“我真的觉得自己受伤了。太可怕了！”

听完丹尼早上醒来后的故事，我算是明白了他的问题所在。丹尼啊，他就是那种特别消极的人。在他心底深处，住着一个特别刻薄的小人儿，完全跟他对着干。更糟糕的是，这种机制已经超出了他的控制范围，不知不觉间，他就陷入了“消极成瘾综合征”。

“我能行 / 我不行”游戏

我们每个人都有两面性，就像心里住着两个小人儿——“我能行”和“我不行”。这两个小家伙老是在争夺地盘，看谁能占上风。通常，当你想挑战自己，要去实现一个大目标或者冒一个大风险的时候，“我不行”那个小家伙就蹦出来了，它开始劝你，分散你的注意力，让你别去冒这个险。它其实是想保护你，不让你失望，不让你输得太惨、做得太差。它觉得，如果你不去冒太大的险，那就不会太失望，就算失败了，也不会摔得太疼。所以，它总是希望你稳稳当当的，别去冒险。

这个“我不行”的小家伙，有时候它不只是保护你，还会变得特别挑剔，开始批评你的梦想，告诉你这也不行、那也不行。你要是不管它，让它肆意妄为，它就会控制你的生活。它会决定你能做什么、不能做什么，能拥有什么、不能拥有什么。因为它老是从匮乏和限制的角度出发，所以它老是告诉你，你做不到，你也得不到你想要的东西。它会把你困在一个很小的圈子里，以确保你的安全和易于掌控。这样一来，你就得忍受它的“消极攻击”了。

消极成瘾的四种表现形式

我根据 40 多年来见过的各种消极成瘾的人，给他们进行了分类，贴了标签。由于消极成瘾者的态度和想法往往会通过他们的言行表现出来，所以不同类型之间可能会有重叠。

首先说说态度消极成瘾者，他们已经是成功人士，但内心其实很无奈，总感觉自己被推动着走。他们是最不容易被发现的消极者，因为从外表上看，他们好像很轻松、很成功，但实际上，他们心里可能并不这么觉得。这个群体里有三种类型的人：完美主义者、“永远不够好”的人和“苛刻”的监工。

然后是行为消极成瘾者，他们可能会奋不顾身地去追求成功，但往往就是成功不了。他们努力得你都不忍心去指责，但随处可见他们的自我诋毁。他们深陷在想法和行动的矛盾中，虽然一直努力，但就是摆脱不了那种行为模式。这类人包括拖延症患者、模式重复者和“永不达标”者。

再来说说心理消极成瘾者，他们老是自己鞭笞自己，念念不忘做过的事或说过的话，耿耿于怀。他们对自己非常严格，不分青红皂白，老是用批评、批判、失败论和精神虐待来盯着过去、现在和未来。心理消极成瘾者包括：吹毛求疵者、热衷攀比者、追悔过去者和否定“快枪手”。

最后是言语消极成瘾者，这种人说话总是充满无助感、无望感，让人觉得不可救药。他们对自己也对别人，以及对环境和地点，都喜欢发表负面言论。神奇的是，他们丝毫不知道自己在说消极的话，还以为自己在准确地报告事实呢。言语消极成瘾者包括习惯性抱怨者、设置陷阱者、末日论者，还有最明显的悲观主义者。

表 1-2 所示是消极成瘾者的四种类型。

表 1-2　消极成瘾者的类型

顽强自我驱动的成功者（态度消极成瘾）	• 完美主义者 • “永远不够好”的人 • “苛刻”的监工
勤奋努力有望成功者（行为消极成瘾）	• 拖延症患者 • 模式重复者 • “永不达标”者

续表

习惯性自我伤害 / 责罚者（心理消极成瘾）	• 吹毛求疵者 • 热衷攀比者 • 追悔过去者 • 否定“快枪手”
无望无助、无法改变者（言语消极成瘾）	• 习惯性抱怨者 • 设置陷阱者 • 末日论者 • 悲观主义者

态度消极成瘾者

态度消极成瘾者是那些永远无法满足自己的人。他们内心深处不相信自己能够真正享受生活，常常抱着一种消极的心态。他们的心态往往是“失败论”，总是设定过高的期望，或者觉得自己无论多努力都达不到标准，内心总是有个无底洞，很难填满。

态度消极成瘾的表现有三类：完美主义者、“永远不够好”的人和“苛刻”的监工。

1. 完美主义者

完美主义者经常徘徊于好消息和坏消息之间。他们的期望值非常高，很难让自己完全满意，因为生活中的大多数事情都是不完美的。他们的高期望值会让人抓狂，一旦结果不尽如人意，他们就会极度不满。

道恩是一位身材挺拔、衣着得体、头发一丝不乱的商务主管。当他走进我的办公室时，他洋溢出热情的笑容，并坚定地和我握手，传递出似乎是排练过的自信和控制感。

“我不知道为什么来这里，但我的未婚妻罗宾说，可以和你谈谈转型和职业变化。我很清楚我想要什么，然后规划，我想要的都能实现。”

“那你想要怎样的转型或职业选择呢？”我颇感兴趣地问道。

“嗯……我从事的是计算机行业，然而是时候做出改变了。我想去做餐饮业。”他颇有些不以为然地说。

“告诉我你为什么想退出计算机行业？”我问道。

“我已经受够了，该学的我都学过了。”他用不容置疑的语气说，带着坚定自信的神情。我被他的话弄糊涂了，而且观察到他的神情和他说话的方式有些不搭。我想了解更多，于是问道：“你的意思是，你已经受够了计算机？”

“我现在不工作。你看，我的运气一直不好，总是和白痴一起工作。他们做不好工作。我试着教他们，让他们把事情做对，但他们都没救了。而这对我来说很容易，所以我通常都是自己动手。”他自豪地说。

“你是辞职了，还是被解雇了？”我非常直接地问道。

“这是双方的决定。我的老板说我没有团队精神，正好我也准备离开，所以我们就这么说定了。”他说话的样子好像很客观。

“过去五年你做过几份工作？”我问。

“四个。你看，我学得很快，然后就厌倦了。我喜欢学完之后就继续前进。”他避重就轻地说。

在我询问道恩的过程中，我发现他不仅是个独行侠，还是个不折不扣的完美主义者。他很难接受别人的缺点。

完美主义者追求的是完美，任何不完美的东西在他们眼中都是不可接受的，他们对自己和身边的每个人都有着很高的期望。好的一面是，你总能从他们那里获得高质量的产品和服务；但坏的一面是，想让他们满意并不容易，甚至有时几乎不可能。对他们来说，不完美是完全不能容忍的，这让他们承受着巨大的压力。由于很少有人能够始终做到完美，完美主义者常常觉得自己比别人更优秀，但最终却感到孤独。他们心里默默想着：“我可以做得更好……我自己。”

显而易见的问题是：“这样一个人怎么会是一个消极狂呢？”如果你深入探究完美主义态度的基础，几乎总是有一种根深蒂固的恐惧。完美主义者害怕自己不够好，害怕被发现瑕疵，害怕自己不够格。

那么，为什么这样的人也会有消极情绪呢？完美主义者就像是穿着盔甲的战士，外表看起来坚不可摧，其实内心往往隐藏着一种深深的恐惧。他们老是在担心自己不够好，老是在害怕，生怕一不小心就露出了破绽，有着强烈的不配得感。这种心理困境如同永不停歇的自我审查程序，持续制造着认知扭曲的负向循环。

2.“永远不够好”的人

“永远不够好”的人与完美主义者有所不同。他们总是给自己设定一些不切实际甚至是无法实现的目标和期望。这样的期望让他们不断感到压力，似乎无论多努力都永远达不到理想的状态。

这种内心的动力其实是来自对自己的苛责，导致他们不断感到失望和沮丧。尽管他们在努力追求更好的自己，但总是觉得自己做得不够好，无法真正享受生活中的成就。这样的心态不仅让他们难以快乐，也让他们陷入了消极的循环。

⋆ ⋆ ⋆

30 多岁的乔治，那位英俊潇洒、性格开朗、事业有成的餐馆老板，其实心里头藏着一头永远喂不饱的小怪兽。这头小怪兽，就是他那永无止境的不满足感。

一周七天，从早到晚，乔治的餐厅外总是排着长长的队伍，顾客们争先恐后地想要品尝他餐馆里的那些美味佳肴。可是乔治却总是皱着眉头，心里头觉得这还远远不够好。

他会因为一个员工迟到了几分钟而唠唠叨叨，会因为一件制服上的小褶皱而耿耿于怀，甚至会因为厨房里某个操作步骤的小细节没做好而下意识地紧锁眉头。在他眼里，似乎永远都没有“完美”这两个字。

乔治的观点很明确：“永远都不够好！”这句话就像是他人生的座右铭一样。跟他一起工作的人，对他真是又爱又怕：爱他的才华横溢，怕他那永远追求完美的苛刻态度。因为他几乎注意不到别人哪里做得好，总是盯着那些微不足道的小瑕疵不放。

在他看来，出色的食物、顾客满意度爆棚、忠诚的顾客一大把、尽职尽责的供应商、黄金地段的好位置，还有那种让新顾客源源不断被吸引过来的良好氛围——这些都是理所应当的。稍微有点小疏忽或者小错误，就会让他觉得整个世界都黯淡无光了。

所以，无论乔治和他的团队怎么努力拼搏、怎么创新突破、怎么加班加点地干活儿，到头来还是那句话——显然都不够好。这可真是让人头疼不已啊！

3.“苛刻”的监工

“苛刻”的监工也是消极成瘾家族的一员。他们对自己和他人都非常严格，往往是工作狂。他们强迫自己不断工作，几乎没有时间去玩乐，生活中只有工作、工作、再工作。

这种人就像坐在你肩膀上的小声音，总是提醒你“必须完成任务”。比如，当你想去看电影时，他们会说：“不！你得继续改论文。”当你想约朋友出去时，他们会说：“不！现在就得工作。”即使你想去购物放松一下，他们也会纠正你：“你还有工作要做，快去做吧！”

想象一下，有位身材瘦削的推销员莱恩，整天忙着做平他的账簿。他走路时总是很快，身体前倾，夹着厚厚的账本。莱恩全心投入记账，认为如果不完成这些任务，生意就会失败。当有人邀请他去吃饭或打高尔夫球时，他总是回答：“我得去记账。”久而久之，这成了大家的笑话：“嘿，莱恩……我知道，你得去做账吧？”这样的生活让他无法享受休闲时光，也让周围的人感到无奈。

行为消极成瘾者

消极成瘾者似乎总是无法摆脱某种行为，他们常常表现得像是环境的无辜受害者，急需他人的帮助，但他们的问题却始终得不到解决。实际上，有时你可能比他们自己更关心他们的情况。

行为消极成瘾者有三种类型：拖延症患者、模式重复者和“永不达标”者。

1. 拖延症患者

拖延症患者总是把重要的事情拖到最后一刻。他们会找到各种借口来推迟必须完成的任务，结果往往导致事情在最后时刻变得混乱不堪。

* * *

保罗是一个身材魁梧、意志坚定的年轻人，拥有一双闪闪发光的绿色眼睛，性格多变。他在一家唱片公司工作，担任行政经理。他总会为自己的拖延找各种借口。

他从来不认真记录工作事项，总是把重要的工作拖到最后一刻才去做，结果常常忘得一干二净。很难让保罗理解，计划赶不上变化，及时完成当天的任务才是关键。

“你忘了买灯泡！你去商店了吗？货什么时候能到？你送货了吗？”他的老板总是这样问他。每当这个时候，保罗要么感到自己很糟糕，要么就为自己没有完成任务而辩解。其实，不只是老板会质问他，他的内心也在不断质疑自己，这让他感到十分痛苦。

“多年来，我一直想清理车库，但似乎从未做到。”保罗知道自己有问题，却总是无法自拔，也不知道该如何改变自己的行为，相反，他常常屈从于这种困境。

不论是自责还是被别人指责，保罗都很难管理好自己。他的拖延症导致他行为消极成瘾。

2. 模式重复者

模式重复者就像是在自我设限，他们总是陷入旧的行为模式，难以改变。无论是工作、学习还是生活，他们总是重复着同样的错误，感觉自己被困住了，无法找到出路。这让他们感到困惑和沮丧，却不知道如何打破这种循环。

妮娜和她的糖果棒

妮娜和我谈过一次关于她的体重问题。她略显丰满，嗓门很大，总是需要别人的关注。她的本意是好的，但她经常承诺过多、兑现不足。

妮娜有一天跟我说她想减掉15磅，还说愿意不惜一切代价去实现这个目标。我心里头虽然有点打鼓，不确定她这次能不能坚持到底，但还是决定再给她一次机会试试看。于是我们俩就一起制订了一个可行的减肥计划。

我还特意问了问她需要我从哪些方面给予她帮助和支持。她说："你就负责在我偏离轨道的时候提醒我一下，因为我这个人记性不好，老是忘事儿。"哈哈，真是让人哭笑不得啊！不过既然她都这么说了，我也只好答应了下来。

结果还不到两个小时，我正在一家露天咖啡馆里吃沙拉，远远地就看见妮娜走了过来。只见她正大口嚼着巧克力呢！我赶紧放下手中的叉子跑了过去。到了跟前一看，我发现她的脸一下子变得通红——显然是被我抓了现行！于是我轻轻地拍了拍她的肩膀问道："喂，你不是说好让我提醒你的吗？怎么这么快就忘了？"她低下头小声回答道："嗯……是啊……""那以后记得换个健康的零食来解馋哦！"我笑着对她说。

她非常感谢这次的小意外，这让她从习惯性的无意识状态中醒过来，开始反思自己言行之间的差距。她意识到自己说的是一套，做的却是另一套，行为与愿望完全相反，实际上是在自毁前程。这次事情发生后的六周内，她成功减掉了20磅，她感到前所未有的自豪、成功、强大和自信。正如一位客户所说："我的脑海里希望我的身体变瘦，但每次接近巧克力，我的手和嘴却总是控制不住；我根本不知道巧克力是怎么进到我肚子里的。"

⋆ ⋆ ⋆

汤姆是个充满干劲的销售工作狂，他也曾感慨："我本来都计划好了，要和家人一起去度假，或是待在家里好好享受一下花园里的宁静。可是业务上那些紧急的事情，硬是把我从美梦里拽了出来。我本来想当个好爸爸、好丈夫的，结果却总是被这些突如其来的事儿给搅黄了。"

反向意图就像一个在生活舞台上演出自我矛盾的演员。

它描述了一种情况：你的行为与你所说的目标完全相反。就像在打高尔夫球或网球时，心里想着球要落在某个地方，但一挥杆，球却飞向了相反的方向。这种情况就是自我破坏的表现。

有能力的人能将内心的意图和外在的行动紧密结合，就像齿轮一样完美契合，轻松实现目标。相反，如果无法让内心的愿望和实际行动一致，你就会觉得自己被环境控制了，生活不再掌握在自己手中。

因此，要实现目标，关键在于确保行动与内心意图相互依存。只有这样，你才能成为生活的主宰，而不是任由环境摆布的角色。

3.“永不达标”者

有些人总是得不到他们所追求事物的结果。生命中的万事万物，都有它的原因和结果：要么你得到了果——自己想要的东西；要么你找到了因——为什么没有得到自己想要的东西。

你可能就认识某个离他想要的结果“总是差一步”的人，其中的因，就是他是一个习惯过早放弃，不自信也不敢冒险的人。

* * *

马克在外表上总是有点小瑕疵。不是衬衫上少了颗扣子，就是袜子老爱往下掉，要不就是裤子上时不时沾上了污点。人到中年的他，开着辆灰色的大众车，心里头却老想着那是辆宝马。作为一位银行经理，他总盼着能晋升为副行长，结果绩效评价老是跟不上。运动方面，他明明是个优秀的运动员，偏偏赛前两周把跟腱给扭伤了，连10公里跑的比赛都参加不了。说到弹钢琴，他可是个天才，偏偏自己不拿这个本事当回事。他性格倒是挺外向的，对人也友善，可心里头总觉得自己在哪个领域都成不了第一。

心理消极成瘾者

心理消极成瘾是一种非常微妙和隐蔽的状态。境随心转，如果你对自己的消极想法毫无察觉，你就很难实现自己的理想。一个心理消极成瘾的人，可能会在完全不自觉的情况下开始感到沮丧、孤独或情绪低落，却不知道自己为什么会这样。

这种人往往生活在自己的小世界里，自我折磨。他们有时甚至会把这些消极想法付诸行动。这一类人包括吹毛求疵者、热衷攀比者、追悔过去者和否定“快枪手”。

1. 吹毛求疵者

* * *

安娜贝尔，这位广告公司的艺术总监，刚从一场工作面试中走出来。她在这家公司打拼了整整20年，心里头盘算着：这年头，自己的职业生涯早该迎来更高的薪水待遇了。可现在，她却像个迷路的孩子，不确定自己刚才的表现是不是够格。

她皱着眉头，脚步踉跄，像是在躲避什么看不见的路人。她的脑海里像有个小剧场，正在上演一部回顾她刚刚面试情景的戏码：她坐姿如何，说了哪些话，什么时候打断了别人，自己脸上的表情又是怎样的，回答问题的方式又如何。然后，头脑小剧场里的导演兼演员开始无情地批评起她来。

“你听起来一点都不自信，说话还结结巴巴的。你怎么忘了分享你的成就呢？还有，2012年你得的那个艺术作品大奖，怎么不告诉她呢？真是蠢到家了！你看你，坐在那里的时候，肩膀耷拉着，像个老顽固一样。”

这些话让安娜贝尔觉得自己就像是个受害者，但又无可奈何。这些自我评判的声音在她耳边不断回响，让她的情绪越来越低落，仿佛自己一无是处。

某些事件常常会引发我们的自我批评，比如失恋、离婚或者失去一笔重要的业务。不过，这种自责往往没有正当的理由。当你听到类似“你太胖了！”“你太笨了！”“你太蠢了！”这样的负面评价时，你就知道自我评判开始了。

那些对自己要求严苛的人，表面上看起来很宽容平和，但内心却在无情地批评自己。他们的自我怀疑和苛责，常常让他们感到痛苦。

2. 热衷攀比者

生活中，“热衷攀比者”如同一位手持尺子的裁判，不断地将自己与他人进行比较，仿佛在参与一场无休止的竞赛。对他们而言，生活便是一场场的较量，谁拥有更为称心如意的“东西”，谁便赢得了这场游戏的桂冠。他们追求的，是用权力、金钱、声望来打动所有人，同时让这一切看似轻而易举。

“看看她的大腿，真是比我的细多了！”

“他开的是宝马，而我只有一辆奔驰 Smart。”

“他们的报告真专业，我的简直不值一提。”

“他的高尔夫球打得太好了，我这一辈子都追不上。”

* * *

小德，这位“热衷攀比者”中的一员，常常对李尔那辆崭新的雷克萨斯投以羡慕的目光，因为他自己开的是一辆略显陈旧的雪佛兰。每次与李尔相遇，他的心中都会涌起一股嫉妒之情。在小德的世界观里，拥有一辆雷克萨斯是成功的象征。小德还常常拿自己的发型和哈尔的满头秀发比，心里默默叹气，因为自己的发际线已悄然后退。他还与登山运动员汤姆比拼体能，与 CEO 雷曼较量职场地位。小德将大量的时间与精力投入一场场无休止的比较之中。

攀比，时而让小德感到自己高高在上，时而又让他陷入深深的自卑的泥潭。他总是对自己和他人评头论足，自我感觉每况愈下。在这个无尽的攀比循环中，小德总能找到一个新的目标，开始新一轮的较量。

3. 追悔过去者

你有没有发现，有些人总是生活在过去的回忆里？他们不仅能从回忆中看到过去的事情，还常常想象未来，期待能过上理想的生活。但那些追悔过去的人只会关注自己以前犯的错误，纠结于无法弥补的损失。

克拉拉就是这样的一个人。她总是陷入一种自动播放的状态，心里不断回响着："我真不该离开家人，应该留在家里照顾母亲；我不该去那家公司工作；我不该嫁给那个男人；我不该剪掉我的长发。"这些回忆让她觉得自己的每一个选择都是错误的。她心中充满了自责，觉得自己的决定都成了攻击自己的武器。

追悔过去的人常常使用"本来应该""应该"和"不应该"这样的词语，让自己一直沉浸在后悔中，难以释怀。

这类消极成瘾者的生活总是充满了遗憾和悔恨。他们常常被"要是……就好了"这样的想法困扰着，觉得自己本应该有更好的选择，却总是做错决定。他们的内心充满了自责，让生活变得更加沉重。

4. 否定"快枪手"

否定"快枪手"往往是出于保护自己的目的，不想让自己尝试新事物，以免失望。他们总是小心翼翼，生怕自己会犯错；同时，他们也会随时准备抓住每一个小错误，毫不留情地指责自己。这样的心态让他们很难放松，很难享受生活中的新体验。

你是否曾经在还没真正犯错之前，就开始痛斥自己？否定"快枪手"往往在没有任何证据的情况下，就轻易下结论控诉自己。就像在你还没被审判之前，就已经被判定有罪。这种"你总是……你从来没有……"的指责，既不合理也不公平。

这种情况有时可能发生在开车的时候。你可能觉得自己拐错了弯，但又不是很确定。在还没得到所有信息之前，你就开始对自己发起全面攻击，明明只是想顺利到达目的地而已。这样的自我指责让你感觉自己像个无辜的受害者，突然遭到无端的攻击，心里感到委屈和痛苦。

言语消极成瘾者

言语消极成瘾者总是停不下来，喜欢不停地说一些消极的话。听了他们的抱怨，你可能会感到自己的负面情绪被激发了，或者干脆想要离他们远一点。他们的负面情绪好像一把双刃剑，既能触及你内心深处未曾平复的“负面情绪”暗流，也可能成为一道无形的墙，将你隔绝于其营造的悲观世界之外。这些人，仿佛是生活的全职批判家，专注于挖掘每一丝阴暗，强调每一处不完美，他们沉醉于描绘最糟糕的情景，视灾难为日常。

他们常说“生活艰难”“我很倒霉”以及“这就是命”，这些话语如同自我实现的预言，编织出一幅“人生充满无奈与妥协”的画卷。对他们而言，“忍耐”与“接受”成了生活的常态，因为他们深信，真正的渴望永远遥不可及。这样的消极信念，如同基石般支撑着他们的行为模式，让他们在消极的道路上越走越远。

与这类言语消极成瘾者相伴，除非你拥有足够的幽默感作为盾牌，否则极易被卷入情绪的旋涡。

有以下四种类型的言语消极成瘾者。

习惯性抱怨者：他们总是对生活中的小事不停发牢骚，听起来让人心烦。

设置陷阱者：他们会故意让你陷入困境，制造麻烦，让你感到不安。

末日论者：他们总是预测最坏的结果，仿佛生活中只会发生坏事。

悲观主义者：他们对生活充满消极看法，觉得一切都没有希望。

了解这些类型，可以帮助你更好地应对他们的负能量。保持幽默和乐观，能让你在这样的环境中更轻松。

1. 习惯性抱怨者

* * *

18 岁那年，乔莉和一群人踏上了一场前往欧洲的游学之旅。这趟旅程，让她得以拥抱异域文化的瑰丽，结识五湖四海的朋友，以及饱览那些令人叹为观止的自然风光与人文景观。

然而，在这趟本应充满欢笑与发现的旅程中，却有三位同行者如同阴云般笼罩着整个团队——他们无休止地抱怨着一切：从餐桌上的食物到卫生间里的卫生纸，从脚下铺就的鹅卵石路到头顶变幻莫测的天空，甚至是夜晚休憩之所的床铺和洗漱间的设施都成了他们口中的“罪魁祸首”。这般连绵不绝的牢骚使得原本轻松愉快的气氛变得沉重压抑起来。

当一个人将时间和精力浪费在那些超出自身掌控范围且即便向相关方反映也无法得到解决的事情上时，他就很容易被视为一名不折不扣的“抱怨狂”。相反，唯有当我们勇敢地向那些有能力并且愿意伸出援手之人清晰而礼貌地传达出自己的需求与期望之时，才有可能迎来转机，收获满意的成果。

2. 设置陷阱者

“设置陷阱者”指的是那些向你寻求帮助、支持或建议的人，但他们却拒绝接受你的好意。当你给出建议时，他们总是说这些建议没用，或者事情比你想象的要复杂得多。这种情况似乎会造成两败俱伤，让人感到无奈。

这些人常常被称为“设置陷阱者”，而这种现象则被称为“捕熊陷阱”。想象一下，寻求帮助的人就像是打开了一个陷阱，而出于好心想要帮助他们的人则不小心把脚伸了进去。结果，陷阱关上了，帮助者就会感到被困住，既恼火又生气。

总之，遇到这种情况，我们需要小心，不要让自己的好意变成别人的负担。

下面是我参与的设置陷阱式对话的一个例子。

* * *

玛丽叹了口气，说："唉，现在这情况真是糟透了！"

我皱了皱眉头，提议道："或许咱们该找个时间好好聊聊？"

玛丽无奈地摇摇头："试过了，每次我劝他，他就当耳边风，根本不理我。"

"那你有没有想过给他写个小纸条，悄悄放在他枕头边？"我继续问。

"没用的，"玛丽苦笑一声，"他连看都不看一眼就直接扔进垃圾桶里了。他就是想故意气我。"

"那直接给他办公室打个电话呢？"我又问。

"他的秘书一听是我的声音，是不会转接给他的。"玛丽摊开双手，一脸无奈。

"寄封挂号信怎么样？"我关心地问。

"我也考虑过，但我知道他会拒收的。"玛丽摇了摇头，眼神中充满了失望。

"要不告诉他你约了个调解员，希望他能一起来谈谈？"我还是不死心。

"他只会嘲笑我，肯定不会来的。"玛丽声音里带着一丝疲惫。

我叹了口气，语气变得严肃起来："既然你不能跟他说话，也不能写信、打电话，那为什么不干脆离开他呢？"

玛丽低下头，小声说："因为我没钱啊。所有的银行账户都是他在控制，我身上只有买菜的钱，能走多远呢？"

"那你申请离婚不行吗？"我追问道。

"请律师要花钱，我现在身无分文。房子也是在他的名下，就算离婚我也什么都得不到。"玛丽的声音越来越小，几乎听不见了。

我沉默了一会儿，说："听起来你真的被困住了。我也不知道还能说什么好……"

玛丽对我提出的每个建议都以"是啊，但是……"作为回应，这仿佛是一面无形的墙，将外界的帮助隔绝在外。她似乎在寻求援助，但实际上却紧紧抓住那些无法实现的理由不放，就像是被设定了程序的机器，只能按照既定的模式运行。这并非意味着她在故意刁难我，而是她的困境在她看来已经无解，她如同陷入了一片茫茫的黑暗之中，找不到任何一丝光明。对于这样的"设置陷阱者"，教练是无法帮助她的！

3. 末日论者

"我们将遭遇全球金融崩溃，届时世界将一片混乱！"

“我付不起房租，会被赶出去，流落街头，无家可归……”

玛丽常常感到悲观，觉得自己会被遗弃。她相信，随着时间的推移，全球变暖会像洪水一样吞噬我们，就像诺亚方舟预言的灾难。

她以一个城市为例，预言它会被海水淹没，海岸线会消失。她坚定地说：“在 2020 年夏天之前，你们必须搬走，否则会面临灾难。”她的话中充满了对未知的恐惧。

最近，玛丽又预言我们将死于癌症这一无情的疾病，还声称另一场地震即将来临。在她看来，如果疾病、自然灾害或者金融崩溃都不足以摧毁我们的话，那么核攻击就是终极毁灭者。因此，玛丽希望每个人都能做好充分的准备，以应对各种可能降临的灾难。她对待自己的预言行为极为认真，仿佛是在履行一项神圣的使命。

4. 悲观主义者

末日论者的“近亲”是那些悲观主义者。两者的不同之处在于：末日论者的语气急迫而恐慌，专注于具体的灾难性事件；而悲观主义者则以极其绝望的语调面对无望、无助且无法改变的事实。悲观主义者逆来顺受，从不表现出疯狂或沮丧，反而对任何新事物都持冷淡的态度。他们经常说：“如果以前没有发生过，现在也不会发生。”也正是这些人曾告诉莱特兄弟：“如果人类注定要飞翔，上帝就会给他翅膀。”如果你有新发明，千万不要告诉他们，因为他们一定会在你的思想火花上泼冷水。

* * *

小尼想为他的广告公司策划一次临时促销活动。经过一番头脑风暴后，他想到了用一份完美的礼物来启动这次活动。

小尼认为，印有公司白色标志的湖绿色T恤是结束节目的完美选择。他自豪地说："可惜我们没法成功。我们不可能在一天内准备好这一切，真希望我们早点想到这个主意。"

接着，小尼开始列举所有不可能实现的理由：他们的库存不够，T恤的颜色不对，或者没有足够的时间来印刷。几乎要放弃时，他的秘书抓住了这个想法，并迅速行动起来。T恤在一天之内就生产出来了。然而小尼的态度并没有在那天真正发生改变，只是让他开始意识到，很多看似不可能的事情有可能会变成现实。

自我打击/自我否定

所有消极的态度、行为、心理和言语都是自我打击的表现形式，其根源都是自卑。这些想法和行为往往是无意识的，它们会妨碍你，阻止你获得真正想要的东西。

当一个人陷入自我打击 / 自我否定的状态时，他们就会表现出消极的行为模式，对自己和生活感到无望。这样的循环只会让人更加受挫，难以改变现状。

雪莉是保险公司的核保员，怀揣着晋升为高级职员的炽热梦想。然而，她却有一个坏习惯——喜欢在同事背后说八卦。这个习惯如同一把锋利的剑，让她在公司内部树敌无数，人们避之唯恐不及，不愿与她共事或为她效力，生怕自己的信息成为她手中伤害自己的“武器”。雪莉困惑不解：“我不明白，为何我在公司辛勤耕耘十载，工作表现远超部门同人，却始终未能得到晋升的机会。”她似乎并未察觉到，正是她自己的行为，在无形中为自己筑起了一道道高墙。

很多时候，无意识的破坏行为会以一种微妙而隐蔽的方式，扭曲消极成瘾者的初衷。期末考试前未能及时醒来、忘记支付电话费、重要约会前汽车却无油可加、重要文件遗失在飞机上、商务演讲前夕沉迷于夜生活、宿醉后的清晨……这些看似偶然的事件，实则是自我打击的微妙表现，它们悄无声息地侵蚀着个人的前程与梦想。

如果你已经准备好打破这些旧习惯，想要改变自己的工作方式，那就继续往下看，了解这些情况是如何演变成今天这样的。

02

一切是怎么演变成今天这样的？

“嘿，今天照镜子了吗？看看自己，或者想想你认识的某个人。现在，咱们来聊聊那些‘消极成瘾者’的情况。你可能会想：‘我怎么会变成这样呢？’毕竟，你可是个人见人爱的好人啊！你总是那么有魅力，乐于助人，生怕伤害到别人。你体贴入微，责任心强，举止得体又有礼貌。所以，你会纳闷：‘这怎么可能发生在我身上呢？我是怎么一步步走到这个境地的？’”

你的样子和性格，实际上是你的父母在你成长过程中对你的养育和教育的直接反映。你对自己能力的信心，往往与童年时期的经历息息相关。那段时间是我们认识自我的重要阶段。一般来说，我们首先会形成对自己的看法，然后慢慢发展出对生活的信念，接着会不知不觉地寻找证据来验证这些看法和信念。简单来说，童年的经历对我们后来的生活态度和自我认知有很大影响。

你心里可能会想着："我有一个幸福的童年。我的父母很爱我，为我提供了一切，我们相互关心，度过了很多美好时光。"这些想法对你来说似乎都是正确的，而且很可能确实如此。童年时期的经历和你现在的生活之间，肯定有一定的联系。

回望儿时成长的岁月，联想到周遭的环境、沉重的压力、有限的知识与经验，以及种种束缚，都如同无形的枷锁，让人不禁要为父母辩护，他们确实已倾尽全力。然而，在探寻"消极成瘾"的根源时，最为艰难的便是直面这样的事实：父母在你养成"消极成瘾"习惯的过程中扮演了举足轻重的角色。

你的父母可能是你心目中的榜样，你常常拿自己和他们比较，却觉得自己总是差了那么一点。你可能会觉得自己没有达到他们的期望，甚至是你自己的期望。或许，他们希望你能成为最好的自己，为你设定了很高的标准。在这种情况下，你可能变得对自己特别苛刻，拼命努力，以获得你一直想要的父母给予的尊重和认可，努力活出他们希望的样子。

你的父母可能对你非常温暖和关爱，这让你感到很幸福，但有时候你也会因此感到内疚，特别是当你看到那些在艰难环境中长大的朋友，他们的父母对他们却并不好时。也许你的父母是出于好意，把他们对生活的看法传递给了你。他们的信念在当时可能是合理的，但在今天却可能不再适用。如果他们有时候“压力山大”，把气撒在你身上呢？你也极有可能会把他们的情绪爆发归咎于自己的错，然后一个劲儿地自责。要是你爸妈或者监护人身体不好，或者酗酒呢？你可能会觉得自己要为他们的行为负责，同时认为自己是有问题的。

不管你的父母是超级棒的，还是普普通通的，甚至是有点糟糕的，在父母对孩子的影响这件事上都是没有差别的。如果你是个消极成瘾者，你会形成一套保护自己的决心和信念，然后不断告诉自己：我听不到内心的声音，我不配拥有自己想要的一切，我不能、也不应该成为真正的自己。这些都是“消极成瘾”的小苗苗，经过一番施肥浇水，就慢慢形成了成人的自我概念。在这些无声无息、微妙的内心决策的时刻，你选择了忽视那个正确的内心的声音。

在我带过的学员里，有的家庭情况特别糟糕，也有的家庭幸福无比。无论人们的家庭背景如何，“消极成瘾”这种现象一直都在他们当中存在。主要区别在于那个“我不能”的信念在多大程度上会让他们放弃掌控自己的人生。

但是，这个“我不能”的信念到底是从哪儿冒出来的？它是如何形成的？我们又是在什么时候把它当成了自己的信条？为什么我们会这么做呢？这些问题都挺有意思的，值得咱们好好琢磨琢磨。不过，我们首先需要关注忠诚这个话题。

忠诚高于一切

我们会经常想到这样的话，比如："我的父母真是太好了，他们省吃俭用，就为了让我接受教育，让我有房有车有工作。"这可能是真的，但是同时它的反作用就是会让你感到内疚。你可能会因为父母不辞辛苦地养育你而自责，也可能会为了证明他们的付出是值得的而不断地鞭策自己要努力，以便对得起他们。你甚至可能会觉得自己就是父母痛苦和艰难的根源。无论结果如何，每个人或多或少都会有消极成瘾的表现。

作为孩子，我们本能地接纳了所有的假设，形成了我们对家庭的认知基础。这些假定的特征似乎是如此自然，以至于我们甚至没有意识到这是一种认知的假设前提。然而正是这样的基本假设前提在不经意间影响了我们的判断，让我们很难识别出"消极成瘾"的表现。

对父母无意识的忠诚

我们对父母有着与生俱来的忠诚，只是因为他们是父母。无论父母对你是好是坏，我们对家人与生俱来的忠诚都会压倒一切。即使在艰难的时刻，我们也会本能地想要支持和保护他们。

* * *

梦璐想找出自己适合的职业，所以她来找教练聊聊。在教练谈话中，我们聊到了她的兴趣、愿望和梦想，她提到了一些童年的经历，听起来她的家庭很正常。然而，随着对话的深入，情况似乎开始不太对劲了，梦璐真实的家庭和她之前描述的理想家庭完全不一样。实际上，梦璐的父母都酗酒，她在成长过程中一直遭受母亲和姐姐的虐待。她的家里从来没有真正的交流，缺乏温暖和理解。

这就像在一个看似平静的湖面下，隐藏着汹涌的暗流。那些美好的回忆像是湖面上的阳光，而那些痛苦的经历则是深藏在水底的暗礁。

对过去事件的选择性遗忘

除了对家人的忠诚，我们的内心可能会不自觉地把过去的伤痛、痛苦经历和创伤记忆抛到脑后。这是一种求生本能，它能让我们更好地应对生活。有时候，我们会选择性地忽视那些与理想生活不符的经历，或者那些让我们感到无法融入美好家庭场景的回忆。这样，我们就能在心里保持一种幻想中的幸福感。

与梦璐交谈时，你可能完全不会怀疑有什么问题，因为她总是根据自己内心的愿望而不是现实情况来构建她的人生故事。梦璐并没有撒谎，她只是无意识地、有选择性地将那些快乐的记忆储存在脑海中。

当梦璐戒烟后，她的应对机制也随之停止了，因为吸烟对她来说就像是把那些拼凑的美好画面黏合在一起的胶水。她很难接受这样一个事实：自己对家人的忠诚在无意识中替代了现实中真实发生的情况。这就像她一直在用烟幕弹掩盖真相，一旦烟雾散去，她就不得不面对现实。

梦璐的母亲非常自豪，因为人们无论白天黑夜都可以随时来拜访她，却从来不知道她有五个孩子。孩子们总是不会引人注意，安静地做着自己的事情，家里总是秩序井然。梦璐的母亲非常重视秩序和安静，她没有想到，这种高度控制和有序的环境会影响孩子们的成长。事实的真相是，在梦璐家的五个兄弟姐妹中，一个自杀了，一个进了精神病院，一个宅在家里躺平，还有一个酗酒。梦璐自己嫁给了一个酗酒者，后来离了婚，现在在勉力维持生计。她的兄弟姐妹都没有自己的孩子，可能永远也不会有。

过往的“美颜滤镜”

过往的“美颜滤镜”指的是我们在回忆往事时，常常会用一种美好的视角来看待那些经历。过往的现实可能并不完美，但我们会选择性地记住好的部分，让过去看起来格外美好。这会让我们在面对往事时，心里更加舒服。

梦璐是一位 37 岁的女性，从外表上看，她快乐、积极、开朗、爱玩、能干、开放，非常讨人喜欢。与她交谈，你会觉得她应该有一个完美的童年。在她的描述中，父母和四个兄弟姐妹都是充满爱、快乐和美好的人。她对暑假和钓鱼之旅有着美好的回忆。她爱她的家人，希望他们都能幸福。梦璐为自己的生活描绘了一幅美好的图画，并非因为她刻意编造过去，而是为了生存，她把一切都做到了最好。她通过保持开朗和快乐来帮助自己在精神上保持活力，以面对周遭的任何事情。当悲伤的情绪浮现，特别是在处理人际关系问题时，梦璐就会戴上一副快乐面孔的面具，帮助她勇往直前。

忽视或压抑真实感受

为了能够生存，适应家庭和社会，我们往往会否认或压抑那些被认为不适合表达的情感。有些情绪的表达可能会让别人感到不舒服，因此，我们会寻找更委婉的方式来应对这些感受，让自己和周围的人都能更容易接受。

在医生的不断建议下，梦璐终于戒烟了。戒烟后，她意识到继续压抑自己的情感有多么困难。她发现，以前通过吸烟掩盖了许多未消化的情绪。没有了尼古丁的麻醉，梦璐开始感到焦虑、紧张和恐惧。早上醒来时，她常常会感到不安，不想起床，心里害怕会发生什么大事。

随着时间的推移，梦璐变得越来越烦恼和暴躁，感觉自己迷失了方向，甚至不知道自己真正喜欢什么或想要什么。和朋友们出去时，他们常常问她“你想做什么？”或者“你想吃什么？”，她的回答往往是：“我不知道，你想要什么？”她失去了与自己的情感和内心需求的连接，总是听从别人的安排。虽然她努力迎合他人，但一旦感到不快乐，就会对身边的人产生怨恨。

经过几次教练对话，梦璐开始倾听自己的心声，坦然面对她之前一直否认的痛苦现实，并接受了她之前一直不愿面对的事实。她对健康和幸福生活的承诺使她能够面对真相，承认过去，走上康复之路。这就像她终于摘下了那副让她看不清现实的美颜滤镜，开始正视自己内心的伤痛。

这些（关于家庭中充满爱、快乐和美好的幻想）曾经帮助梦璐度过了童年和青春期。梦璐并不是唯一这样做的人。我们当中的许多人都继承了养育我们的人的内心假想。然而，这些假想并非完美无瑕的面纱，而是被蛀蚀得千疮百孔的破洞，它暴露了那些被粉饰的不堪事实。这就像是我们的心里有一面镜子，虽然乍看起来光滑明亮，但背后却藏着许多裂痕和瑕疵。

我们常常会不自觉地戴上美颜滤镜回顾过往，来掩盖生活中种种令人不愉快的现实。这是我们应对无法承受的痛苦的方法之一。尽管我们的应对机制不尽相同，但最终结果是一样的——我们都在努力让自己看起来更美好一些。

我理解梦璐的处境，也可以理解她的掩饰行为。我是在美国长大的，小时候经常看电视上完美的家庭是如何以和谐温馨的方式相处的。因为我们家毫无生趣，我就试图去寻找一个完美的家庭，想看看一个正常运转的家庭是什么样子的。

我们家每个星期天都去教堂，我们三个孩子都穿得一样。在公开场合，我们是完美的孩子，表现得有礼貌、可爱、乖巧。每个人都扮演着自己的角色，而且很成功！所有人都认为我们是完美的家庭，就像电视上的那些家庭一样。

唯一不同的是，我妈妈是个酒鬼，这让我常常在心里自问："如果我们是一个完美的幸福家庭，为什么她每天都要喝酒呢？"可我们从来不敢面对这个问题，仿佛它是个不该提起的秘密。我们选择忽略，假装生活像美颜滤镜下那样完美。全家人都心照不宣——我们不谈论妈妈的事。这种对家庭的忠诚，让我们把眼前的痛苦现实推得远远的，仿佛它根本不存在。可是，这样的现实就像无形的巨石，压得我们喘不过气来。毕竟，他们是我们的父母，父母总是有权力制定规则。

如果你对家庭的忠诚没有被上述任何一种方式影响到，同时你又能够坦然面对过去，不否认、不夸大地说出真相——恭喜你！你是一个例外，绝非凡人。现在是我们探究消极成瘾起源的时候了。

消极成瘾的起源

消极成瘾好像是个家族的“传家宝”，代代相传。它是一种无意识的遗产，大家都习惯性地否认，几乎没人认真去反思。如同财产继承，父传子、子传孙，消极情绪也悄悄在家庭中传递，成了我们生活的一部分。

消极成瘾者的历史

在很久以前的洞穴时代，人们的生活相对简单：生存最重要。食物、住所和水是生活的重中之重，活下来是唯一的任务。人们需要拼尽全力应对恶劣的天气、野兽和各种危险。

随着文明的发展，人类从孤独的洞穴居民逐渐演变出部落，最终形成了家族王朝。人们变得更加成熟，开始建立社会的道德规范和结构。婚姻制度也逐渐成为社会认可的方式，用于建立更文明的社会。为了维护血统的纯正，尤其是在富人和王室中，包办婚姻非常普遍。结婚的主要目的是繁衍后代，维持民族和宗教群体的延续。精英主义、对权力的控制，以及出于政治目的的联姻，实际上都是婚姻背后的潜规则。

在历史的长河中，人类男女结合的原因远非简单的经济需求、政治动机或仅仅是为了社会的接受度。历史和文化的传承，如同一位智慧的编织者，巧妙地将每个人的人生轨迹交织在一起，形成了他们丰富多彩的人生画卷。

随着时间的推移，人们对政治、宗教和自由的追求，如同一股不息的风，推动着我们的祖先勇敢地探索新世界。在这个过程中，男女结合仍然主要是出于经济需要，这也是社会所认可的。男人和女人，就像是一对默契的舞伴，共同演绎着生活的华章。男人负责为家庭提供食物、住所和保护，而女人则负责家务、抚养孩子和延续后代。在物质层面上，这种角色分工形成了一个相互依赖的体系。他们结合的理由很充分：共同创造一个完整的家庭，满足每个人的需求。

在我们的祖先看来，每个人都是不完整的个体。也就是说，无论是父母还是自己，都需要通过与他人的情感、身体和经济上的结合来让自己更加完整。在我们当下的时代，虽然表现形式会有不同，但是与他人结合以更好地满足自己的各种需求的现象依然存在。

在情感层面上，我们与伴侣在一起，彼此陪伴，让双方的生活更加完整。每个人都希望对方能够弥补自己的不足，满足彼此的需要，这种给予和索取的关系表现在经济层面也是如此。

过去，女性需要通过结婚来获得照顾和保护。经济依赖对女性来说非常重要，因为她们往往无法独自养活自己，只能依赖男性。同时，女性之间会进行比较，因为在找寻合适伴侣的竞争中，男性都想要追求自己最心仪的女性。如果一个女人能吸引到优秀的单身汉，那就说明她很受欢迎。

人们内心的对话可能是这样的："如果我能让你爱我，那我就不是一无是处，至少还有人需要我。也许你的爱能证明我其实是可爱的！"这样的想法让人感到被需要。

但另一方面，内心也可能有一些否定的声音在说："我成功地让这个人认为我很优秀，但实际上我并不是这样的。她（他）怎么会选择我作为伴侣？这人肯定有问题，因为他（她）选择了我！"

除了爱情和经济因素之外，还有很多潜在的和无意识的动机驱使人们走到了一起。

让我们回到梦璐的案例，看看人们是如何结合的，以及他们选择彼此的原因。

树　根

在一次教练谈话中，梦璐分享了她外祖父母的故事。她的外祖母是一位传统的荷兰人，在梦璐的母亲不到 12 岁时就去世了。后来，梦璐的外祖父也因心脏病去世，留下了梦璐的母亲独自面对这个世界。梦璐的父亲是个孤儿，从小到大都没感受过父母的爱。梦璐的母亲在遇到梦璐的父亲时，便把他视为自己的唯一依靠，希望能嫁给他，一起组建家庭并让自己获得照顾。

梦璐的母亲从小经历了身体和精神上的虐待，这是她父母教育她的方式。梦璐的外祖父母相信棍棒教育，因此当梦璐的母亲有了自己的孩子后，她也认为打骂是让孩子成长的方法，并丝毫没有意识到这其实是对孩子的虐待。尽管她可能不喜欢外祖母对待她的方式，但她依然相信这就是正确的养育方式。可以说，她从未认真思考过这个问题，只是习惯性地有样学样地照做了。

另外，梦璐的母亲童年时家里总是乱糟糟的，地上满是玩具和杂物，各种声音也是此起彼伏，吵闹得让人无法安心。这样的环境让她觉得不安，因此，当她自己有了孩子后，她立志要打造一个完全不同的家。她努力保持家里的整洁，尽量让家里安静下来。她相信，这样的环境才能给孩子带来安全感，才算是对孩子最好的照顾。

梦璐继续说道："我父亲认为，只要家里能保持平静，家人就能团结在一起，这样孩子们就不需要去孤儿院，他就算是一个成功的父亲。我的父母都觉得他们已经做得很好了，因为和他们童年时相比，我们兄弟姐妹的生活确实改善了，条件也好多了。其实他们说的也没错！"梦璐坦诚地分享着她的感受。

不要离开我

梦璐的父母在一起，主要是出于以下一些原因。

- 他们第一次感受到情感上的满足；

- 觉得彼此让生活变得完整、充实；
- 感觉自己是有用的、被重视的、值得被爱的；
- 想向世界证明自己是受欢迎的；
- 不想独自一人；
- 害怕被遗弃；
- 希望能让家庭团聚。

那我呢？

也许你的父母和梦璐的父母一样，他们的情感需求可能永远得不到满足。他们希望伴侣能够填补自己内心的空缺，同时又会感到焦虑和压力，担心自己表现得不够好，无法让对方满意，满足那些其实很模糊的需求。父母面临着双重压力：一方面，他们自己的情感需求得不到满足；另一方面，他们又被期望去满足伴侣的情感需求。这种思维方式其实是代代相传的，源自他们的祖辈。

蜜月终结

父母在某个时刻会发现，曾经的蜜月期已经结束。他们对彼此的看法开始发生变化，以前吸引他们的举止和态度，现在却变得让人厌烦，他们开始频繁地找碴儿。

- “她要是再瘦一点就好了。”

- “那个笑声真刺耳。”
- “他的袜子太短了。”
- “我受不了他开车的样子。”
- “他花在看电视上的时间太多了。”
- “她对钱太斤斤计较了。”

父母心里可能会藏着各种不满。

王子变青蛙

消极成瘾者会习惯性地把潜在的“王子”(“公主”)变成“青蛙”。如果一个人内心深处觉得自己只配和“青蛙”在一起，即使遇到了真心爱他(她)的“公主”(“王子”)，他(她)也会把对方看成“青蛙”。

当一个人无法相信自己值得被爱时，他(她)就总是会在关系中挑毛病，甚至无中生有地制造问题。他(她)会不断地放大事物的缺陷，只为了证明自己的想法是对的。

“哦，我就知道是这样！我为什么要和选择我做伴侣的人在一起呢？”如果他(她)内心坚信“我最终只会和青蛙在一起”，那么无论对方是真正的“公主”(“王子”)还是假的，他(她)都会让这种想法变成现实。

寻找性格缺陷

任何人如果刻意去找，都能发现对方的弱点和缺点。一旦找到了足够多的缺点，那么结果就是对方妥妥地成了“青蛙”。

想象一下，如果你的父母总是用放大镜挑对方的毛病，目的其实只是为了掩盖自己的不足，那会是多么悲哀！自己越狭隘，就越需要暴露伴侣的缺陷，来让自己心理平衡。这种行为只会让彼此陷入恶性循环，最终没有赢家。

当一方觉得自己有缺点，就会通过对比让对方看起来更糟糕；而如果对方确实有很多缺点，自己最终也只能和一个“失败者”或“大青蛙”在一起。这种情况真是让人感到无奈。

你真的爱我吗？证明给我看！

很多夫妻在感情中经常会互相考验，想弄清对方到底是“王子”（“公主”）还是“青蛙”，或者对方是否真的爱自己。有些人甚至会故意制造麻烦，看看对方会不会因此离开，从而证明自己其实不值得被爱。

这种行为背后往往隐藏着潜意识的不安全感和不自信，让他们不知不觉地推开了那些一直在寻找的真爱。

如果你坚信“没有人爱我，也永远不会有人爱我”是个不可改变的事实，那么你实际上是在加强内心深处那些消极的声音，证实了那些悲观的自我感受。这种想法毫无疑问会带来很大的痛苦。一方面，你的理智想要把他（她）推开；另一方面，你的内心又渴望靠近他（她），渴望得到对方的爱。这就像是在说：“请靠近我一点，但不要太近；请给我一点空间，但又不要离我太远。”

共同创造——万灵之药

在一段感情中，当夫妻双方的需求无法得到满足时，他们可能会考虑一个新的选择，比如生个孩子。孩子成了他们共同的焦点，既是他们一起创造的结晶，也是促进彼此合作的纽带。通过共同抚养孩子，夫妻可以摆脱“权力斗争”，同时也带来了新的希望和未来。这样的做法不仅能缓解双方未被满足的情感需求，还能通过关注无辜的孩子让双方的需求得到一定的满足。虽然他们希望一切能因此变得美好，但结果往往事与愿违。

欢迎来到功能失调的家庭

曾经，你的父母幻想着拥有一种完美的童话般的生活，结果却与现实大相径庭。他们对生活完全失望的时候又迎来了你——一个新生儿。他们希望你能给他们带来情感上的满足，但作为刚出生的婴儿，你只有无尽的生存需求。你还无法分清自己和周围的世界。你所经历的每一个声音、气味和触觉，都是你与这个世界建立联系的方式。你所经历的一切，都是你生命旅程的起点。这些早期的经历会在你成长过程中影响你如何看待自己和这个世界。这就是一切故事的开始。

都怪你！

作为孩子，你会非常关注周围的一切，因为你总是以自我为中心。你可能会觉得，家庭里发生的每一件事都是与你有关的，你既是原因也是结果。在家庭中，孩子往往会把父母之间的问题归咎于自己。当孩子觉得自己是家庭不和的原因时，他（她）可能就会变成一个“消极成瘾者”。出于对父母和家庭的忠诚，他（她）会把羞耻感深深埋在心里，把家人当作偶像。

著名作家布琳·布朗（Brené Brown）在她的书《羞耻感》（*Shame*）中提到，羞耻感和内疚感是两回事。内疚是指我做错了什么，而羞耻则意味着我本身有问题。内疚会让我意识到自己犯了错，而羞耻让我觉得自己就是个错误。简单来说，内疚让我知道是自己的行为不对，而羞耻则让我觉得自己不够好。

剥洋葱：探索孩子的内心世界

在成长的过程中，有些孩子可能会不自觉地成为“消极成瘾者”，内心深处总觉得自己不够好。他们潜意识里充满了不配得感、不可爱感，仿佛觉得自己本质上就有所欠缺。这种深刻的自我怀疑，正是消极成瘾的根源所在。由于这些负面情绪常常被忽视或被压抑，孩子们很难正视自己内心的真实感受。

为了应对周围的世界，他们不得不戴上一副面具，塑造出一个虚假的自我。这不仅是一种应对机制，也是对自己脆弱内心的伪装。在这个虚假的形象背后，隐藏着他们深深的空虚和不安。

为了填补这份空虚和逃避内心的不安，孩子们可能会追求各种物质享受，试图从中找到完整感、充实感和快乐。他们追求这些的原因各不相同：

- 有时是为了麻痹自己，暂时忘记内心的痛苦；
- 有时是为了寻找刺激，体验片刻的欢愉；
- 有时是为了逃避内心的愧疚与不安；
- 有时则是因为他们已经放弃了真实的自己，只能在虚幻中寻找寄托。

然而，这些行为虽然能短暂地缓解他们的不适，却无法真正解决他们内心深处的问题。孩子们依旧像是在剥洋葱一样，一层一层地探索，努力寻找着那一缕属于自己的光明。

育儿之惑

在我们的社会中，为人父母堪称成年人最重要的角色之一。然而，在多数情况下，我们往往会沿袭父母曾经养育我们的方式，来扮演父母这一角色。一种常见的模式是："我的父母已经尽力了，效果也还不错，所以我打算照搬他们的做法。"而另一种相反的模式则是："我的父母把一切都搞砸了，我绝对不能重蹈他们的覆辙，因为他们真的给我留下了太多创伤！"但无论哪种方式，孩子的行为都源于反应模式，而非主动选择。

芭贝特是一位身材高挑、金发碧眼的女士，与丈夫合开了一家餐馆。她向我倾诉她十几岁的女儿带给她的困扰。女儿非常任性，让芭贝特和丈夫备感折磨。

"她整晚不回家，房间杂乱无章，连吃饭也不回来。她几乎不和我们说一句话，我真想把她赶出去，但每次这么想，我心里都充满了内疚。面对自己的孩子，我束手无策。我惊讶地发现，自己说出的话竟然和我母亲当年如出一辙，但我曾发誓，我绝不会变成母亲那样。"芭贝特诉说着。

我问芭贝特，她希望与女儿建立怎样的关系。我们探讨了许多可能的解决方案：像当年母亲那样大声斥责，还是坐下来冷静沟通？找一位得到女儿信任的朋友帮忙调解，或者邀请我作为中立的第三方介入？芭贝特陷入了困境，她既不想完全按照母亲的方式来养育孩子，又不知道还有其他什么育儿方式可以选择。最终，她似乎只能无奈地走上了与母亲相似的育儿之路。

图 2-1 所示为消极感受的产生过程。

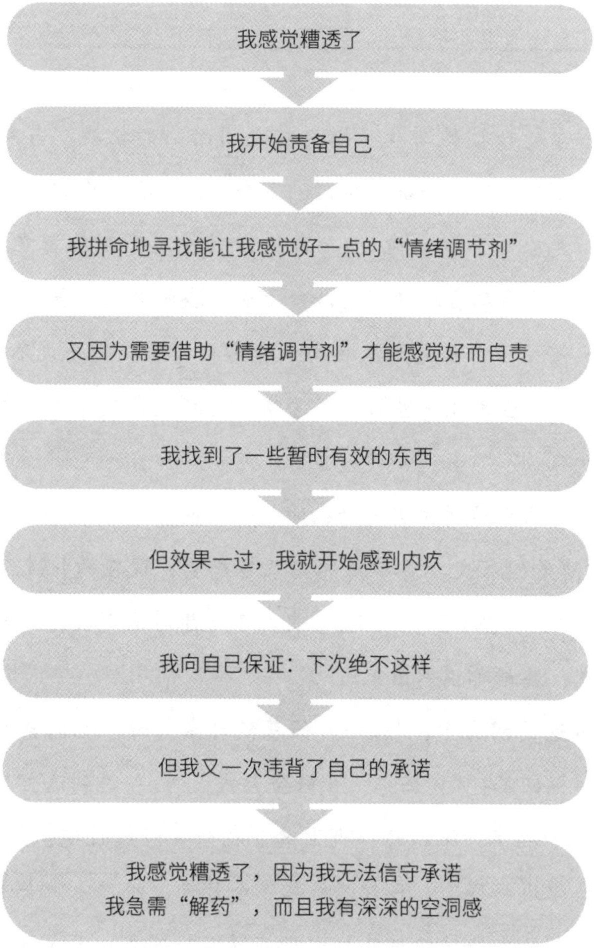

我感觉糟透了
我开始责备自己
我拼命地寻找能让我感觉好一点的“情绪调节剂”
又因为需要借助“情绪调节剂”才能感觉好而自责
我找到了一些暂时有效的东西
但效果一过，我就开始感到内疚
我向自己保证：下次绝不这样
但我又一次违背了自己的承诺
我感觉糟透了，因为我无法信守承诺
我急需“解药”，而且我有深深的空洞感

图 2-1　消极感受产生过程

问题是，当你学会如何为人父母时，孩子已经长大成人，疼爱和伤害都已经发生。这样的模式在无形中会传递给家族的下一代，如此循环往复，不断上演。

* * *

吉尔想谈谈她与儿子斯科特之间面临的挑战。当斯科特惹她生气时，她不会提高嗓门，不会发怒，也不会对他大喊大叫，而是冷冰冰的。她说：“每次斯科特忘了把狗留在外面，或者把湿毛巾扔在我最好的沙发上时，我都会很生气，然后一下子就僵住了，感觉就像我的血液都凝固了，完全说不出话。我一生气就会发生一些奇怪的事情，直到现在我也不明白那到底是什么。”

我问吉尔这种情况是什么时候开始的。

“随着他长大，这种情况越来越严重，现在的状况让我真的很担心。”吉尔沮丧地说，“我并不是想对他发火，而是心里堵得慌，连话都说不出来。”

我继续问吉尔：“你小时候惹父母生气时，他们会怎么反应？”她回答：“我妈妈一开始会大喊大叫。”说到这里，她的脸一下子红了，眼睛睁得大大的。接着她继续说道：“然后她就会像冰块一样冷。我曾给她起了个外号，叫‘冰霜女雪人’，她的这种状态能持续好几天。我不得不苦苦求她跟我说话，那时候我总觉得她不再爱我了。”

虽然吉尔在和儿子相处时不再像母亲那样大吼大叫，但那种“冷冰冰”的感觉依然深深扎根在她的心里。随后，吉尔又回忆起了外祖母的样子：“外祖母生气时，也会在房间里待上好几天，拒绝和任何人说话。”

功能失调家庭的七个特征

一个正常的家庭，应该能提供一个支持家庭成员成长的健康和互助的环境，能让孩子们学会如何与人交往，使他们逐步成长为身心健康和对社会有贡献的成年人。

然而，功能失调的家庭常常无法做到这些。这样的家庭通常有以下七个特征。

1. 爱是有条件的

戴安娜拥有一头乌黑且卷曲如波浪的长发，配以一双明亮的大眼睛，笑容宛如春日暖阳，温暖而灿烂。她是一名不折不扣的“比较型选手”。

她对我说：“在医院，不管我在科室里干得多出色，我总忍不住跟其他护士比。明明我才是科室主任，干吗老拿自己跟下属比？不仅比同事，在健身房我也往死里逼自己……甚至走在街上，脑子里都会蹦出这种声音：‘瞧人家多苗条，你呢？块头大得顶人家两个！要是能瘦个 15 磅，说不定还有救……看看这大腿！腿这么粗还敢穿超短裙？换你穿？得了吧，活像头河马！’”

她并不像帕特丽夏那般才华横溢，也不及托妮的可爱与善良。在家中，她的哥哥们时常以她的笨拙为乐，这让她深感自己永远无法与哥哥们相提并论。即便她的成绩单上满是耀眼的A，她也总是难以摆脱那份自我怀疑，觉得自己做得还不够好。

在一个功能失调的家庭里，每个成员都背负着一个“比较”的枷锁。对每个孩子的衡量标准各不相同，可能是学业成绩的优劣，可能是运动场上的表现，也可能是对父母的服从与顺从程度。而父母的爱给予与否，则取决于你是否能够达到父母为你设定的那个标准。父母会制定一系列烦琐的规矩，告诉你什么事情应该去做、必须去做、理应去做、不得不做，而你能否遵循这些规矩，则成了他们是否给予你爱的先决条件。

2. 绝对不能触及禁忌话题

朵拉，这个五口之家中最年幼的孩子，是一个娇小玲珑的红发女孩，短发俏皮地挽在一边。在她的世界里，与丈夫谈论金钱是一道难以逾越的鸿沟。每当家庭预算、孩子的教育规划或是养老金计划等话题被提及，她的思绪就如同被迷雾笼罩，难以理清头绪。

当我问及她童年时期对金钱的记忆时，朵拉的眼神变得深邃而遥远。她回忆说，她的童年几乎与零花钱和可支配的现金无缘，更别提家人之间关于金钱的讨论了。

“在我们的生活中，金钱如同流水般悄无声息地流逝，孩子们对此毫无察觉。它就像是一团无形的烟雾，你知道它的存在，却始终无法触及它的实体。家里从未有人提及私立教育的费用、乡村俱乐部的会员资格或是杂货账单等与生活息息相关的开销。我从未见过任何账单或支票，这一切都仿佛在一个神秘的角落里悄然进行。我甚至从未思考过金钱的问题，因为在我们家，谈论金钱被视为禁忌。我唯一一次亲眼见到钱，是在杂货店的收银台上。这并不是说我们家经济拮据，而是因为在我们的观念里，谈论金钱并不是好人应有的行为。”

在这个家庭中，诸如性、宗教、政治、金钱、家族纷争、成瘾问题、疾病、情感纠葛、人际关系、未来规划或家庭活动，以及某个家庭成员的近况等话题，都被视为不可触碰的禁忌。家庭成员们通过言语或无声的默契传递着一个信息：“在我们家，这些话题是绝口不提的。”

3. 不能从根本上解决家庭问题

戴维斯是一位教练学员，他是一名成功的酒店经营者，最近与玛吉订婚了。玛吉指责他冷漠无情，扬言如果他不开始关心她，她就会结束这段感情。

对我说及此事时，戴维斯把椅子往后一倾，双手交叉叠放在熨烫得体的夹克上，优雅得像时尚杂志里的模特。

他说："我真的搞不清楚问题出在哪里，是她的问题还是我的问题。我已经受够了别人说我冷漠！她总觉得我不够情绪化，就一定有什么问题。可她也太夸张了，动不动就歇斯底里，搞得我都有点怀疑，应该是她的问题更大吧。为了维持两人关系的稳定，我得承担起责任，不然她可能会崩溃。我经历过很多风浪，根本没有什么能让我动摇的。我在商界学会了如何控制情绪，这是我的生存法则。"

"我明白，戴维斯。你能描述一下最近发生的事件吗？"

"当然可以。我们在聊未来的时候，比如结婚、度蜜月、买房、养孩子之类的，我的回答总是简单的'很好'。她就很生气，指责我没有感情，只知道说'不好'或'很好'。她的怒气经常像火山一样喷发出来，导致我们俩的情绪总是针锋相对。"

"那你们家平时是怎么处理情绪的呢？"

"我们家没什么情绪！"

"你说没有情绪，这是什么意思？"我好奇地问道。

"我父亲患了一种罕见的绝症，这种病影响了他的中枢神经系统，导致其机能逐渐衰退。医生告诉我妈妈，在我父亲身边不能表现出任何情绪。这就意味着，我们在父亲身边时，不能激动、悲伤、愤怒，甚至连高兴的情绪也要控制住。为了这个，我和妹妹不得不学会调整自己的情绪。我们之间不再表达亲情，也没有愤怒、爱意或热情。为了让爸爸能好好活下去，我们只能这样生活。"

这种情况可能是源于某个家庭成员的功能失调，进而影响整个家庭系统。这些问题相互交织，影响着家庭中的每一个人。我们常常避开这些敏感的话题，哪怕偶尔提到，也会迅速转移开。这样的困扰可能包括疾病、成瘾、怪癖、兄弟姐妹之间的争吵、暴力、虐待、经济困境、心理问题或学习障碍等。

4. 家庭秘密的守护与传承

托丽有一个问题难以启齿。她对此羞愧难当，以至于不好意思说出来。她手脚交叉地坐着，一条腿紧张地摆动着。她不停地讲述她的生活有多么美好，她有多么幸福。我告诉她，我为她感到高兴，并询问了她进行这次教练会谈的原因。她说她从来没有告诉过别人她的秘密，也不确定是否能告诉我。我解释说，我愿意帮助她，无论她说什么，我都会完全保密。如果她想找治疗师或心理医生，我可以给她介绍一个让她觉得更安全、能更深入沟通的人。她回答说，她觉得和我在一起很安全，她更愿意接受教练对话。她今天就要解决这个问题。

她终于放松了双腿，手肘支撑在膝盖上，低头看着地板，似乎在寻找勇气。“是我妈妈。不，不是她，是他。是他干的。但妈妈让这一切发生了。是他们中的一个，或许都是我的错。我不知道，但我不想再看到他了。”

我轻轻地问：“谁？”

“我的继父。他告诉我妈妈都是我在编造故事。他说我撒谎，但我没有！这一切都是真的！可妈妈不相信我，反而指责我挑衅他。我亲生的妈妈都不相信我！”托丽的眼中闪烁着无助与绝望，这个秘密像一座大山压在她心头，让她无处可逃。

当我终于弄清事情的真相时，我开始理解托丽的困惑。原来，她的继父猥亵了她，当她鼓起勇气把事情告诉妈妈时，反被妈妈指责说她在撒谎。后来母亲甚至指责她根本就不该提起这件事。结果，托丽变得愤怒、受伤、封闭，与内心的“自我”失去了联系。

托丽与继父之间发生的事情并不是个例。在我举办的每一次“内在自我谈判工作坊”中，总会有至少一位女性分享自己受到家庭成员性骚扰的经历。起初，这让我感到震惊，但随着时间的推移，我发现这种事情在许多家庭中频繁发生，以至于我现在也能比较平静地面对这一现实。托丽的秘密成了家庭的秘密，被小心翼翼地藏起来，没人愿意谈论。

所有家庭成员之间都有一个默契，即对所有家庭秘密保持沉默，这些秘密包括虐待、成瘾、酗酒、吸毒、怪癖、家庭暴力、乱伦、撒谎、心理问题、金钱问题、丑闻，甚至自杀等。

5. 情感被否认、回避、贬低和压抑

萨布丽娜和蒂姆有个 16 岁的儿子，名叫罗比，最近给他们带来了不少麻烦。罗比是个普通的少年，正处于从男孩向男人过渡的阶段，常常会做出一些挑战父母底线的事情。生活一

如既往地进行着，只是萨布丽娜和蒂姆在教育孩子的问题上却有很大的分歧。萨布丽娜觉得，解决问题最好的办法是坐下来好好沟通；而蒂姆则认为，惩罚才能让罗比改正错误。

萨布丽娜对蒂姆的教育方式感到很不安，她担心这样会对罗比造成伤害。她说："我觉得他对罗比的态度很可能会有负面影响，这让我很担心。"

"你对这种情况有什么看法？"我问

"糟透了。但我根本不知道该怎么办。"

"你有没有告诉蒂姆，你对他管教罗比方式的感受？"我试探着问。

"没有，我根本没法和他谈我的感受。他觉得我太软弱，认为我在宠坏孩子，让孩子为所欲为。我既想保护罗比，又想支持蒂姆，结果感觉自己被夹在中间，左右为难。我告诉自己这不关我的事，蒂姆和儿子之间的关系需要他们自己去处理。但是每次他们吵架，我都觉得很难受。我试着不去听他们的争吵，但说实话，我真的不知道该怎么做。作为妈妈，我到底该如何做才是对的呢？"

在这个家庭中，情感被视为一种危险。表达情感被认为会威胁到家庭的稳定，可能会受到轻视或拒绝，或者只能被勉强容忍。强烈的情感往往会引发行动，而压抑这些情感虽然能暂时维持表面的平静，却也会让家庭充满谎言。

6. 否认是家庭系统的“正常”状态

露西是个典型的“超级妈妈”，她不仅魅力四射、工作高效，还在职场上表现出色。然而，外表光鲜的她却面临着婚姻中的一些难题。

露西找到我进行教练会谈，她说：“罗杰是一位很好的父亲、养家人和出色的商人，但他常会为一些小事发怒。当他对我发怒时，我感到很害怕。跟你说个例子，当我们去超市买东西时，他喜欢推购物车。请别笑话我告诉你这些琐事。我知道这是件小事。当我把购物车推到货架前时，他却坚持要把购物车固定住，让我不能挪动购物车。”

露西虽然知道这只是小事，但她依然感到不安。

“说不定他是在和你开玩笑，或者只是逗你玩儿呢？”我问。

露西很认真地回答：“哦，绝对不是开玩笑。这其实是我们之间的主导权之争。他必须控制购物车，而如果被我掌控了，那就代表他失去了控制权。这件事其实反映了我们整个关系的状态。上周五晚上，他突然大发雷霆，还用胳膊肘撞墙，我吓坏了，甚至哭了起来，感觉就像小时候那样害怕。”

“你小时候发生过什么事？”我鼓励她继续说。

露西说道：“我父母每次喝醉酒都会吵架，常常大喊大叫，甚至扔东西。我和姐姐只能爬上床，躲在被子里。你知道，我从来没有跟朋友们提起过我父母的事情，也不想让别人对罗杰有负面的看法。”通过她的分享，我能够感受到她内心深处的恐惧和挣扎。家庭的影子有时会在我们的关系中重现，影响着我们的情感和沟通。

* * *

拒绝面对现实会导致分歧、混乱和难以看清真相的困惑。当我们否认一些主要问题时，往往也会忽视与之相关的其他问题，最终导致我们压抑与这些问题相关的所有感受。这种做法就像是在掩盖真相，情感越被压制，情况就会变得越扭曲和不真实。与此同时，这种否认还会不断强化我们对自己想法和愿望的逃避。

7. 所有家庭成员对家庭系统的维护

爱丽丝是家里的独生女，她的生活中似乎总有一项重要的任务——帮助父母和睦相处。她身材微胖，留着一头乌黑亮丽的长发，眼睛总是闪闪发光。她就像一个完美型和事佬，随时准备解决他人的矛盾。

爱丽丝这样描述她的处境："我发现自己总是在父母之间当和事佬。现在我来到姐姐家，又要在她和她丈夫之间做调解。我刚开始扮演这个角色，但我真的不想再这样下去了。我希望他们能自己解决问题，而不是让我从中调和。我想摆脱这个角色，打破这种老旧的模式。可是，我的问题是，我不知道还有什么其他的方式能够做自己，似乎‘和平缔造者’已经成了我性格的一部分。”

在每个家庭中，大家都有自己特定的角色，这些角色的存在是为了维持家庭系统的平衡。为了家庭的和谐，每个人往往都不得不放弃真实的自我，牺牲自己的感受，以换取家庭的完整与稳定。在这个过程中，所有家庭成员都压抑了自己的真实情感，像是生活在一种紧张的状态中。在这样的家庭系统里，成员们往往通过不断虚构、说谎和伪装，形成一种循环。这种模式一再重演，仿佛让家庭变得更加封闭和僵化。每个人都在努力维持表面的和谐，却很少有人去面对内心的真实感受。

功能失调家庭会导致消极成瘾者的出现

如果你发现自己是一个消极成瘾者，很可能是因为你在一个功能失调的家庭中长大。在这样的家庭中，通常至少会存在上述七种问题中的三种。

压力大往往是消极成瘾者产生的诱因。现代社会的压力对于在功能失调家庭中长大的人来说，尤其难以应对。

如果你来自这样一个功能失调的家庭，并意识到自己是消极成瘾者，不要感到绝望……你绝对不是个例，你和大多数人的情况一样。更重要的是，只要保持幽默感，你就能找到通往理智和美好未来的道路。

在下一章中，你将看到压力与成瘾行为之间的关系。

03

压力与成瘾行为

交通、通信和技术的巨大变革彻底改变了我们的世界。现在的生活节奏越来越快，压力也越来越大，变化不断，让我们的生活从以前的稳定、持续和可预测，进入了充满变数、不确定、复杂和模糊的“VUCA时代”[1]。变化之迅猛，让人措手不及，生活充满了不确定性。

历史上，人类从未像今天这样面临如此多的选择，但应对这些选择的方法却显得捉襟见肘。

[1] VUCA时代：V指“不稳定”（Volatile），U指“不确定”（Uncertain），C指“复杂”（Complex），A指“模糊”（Ambiguous）。VUCA时代意为一种充满不确定性的复杂、模糊的时代。——编者注

什么是心理压力？

心理压力在现代社会越来越常见。如今，几乎每个人都在承受着不同程度的压力。这种压力全面而普遍地影响日常生活的现象，相比百年前已不可同日而语。试想在农业社会时代，一个农民擦着额头上的汗水说："我真的压力很大！"这样的画面很难想象，因为当时的生活方式与现今截然不同。这并非意味着往昔岁月的人们活得轻松（可能恰恰相反），而是那个时代的生存压力与当下我们面临的压力有着本质区别。

200 年前人们生活的世界，和现在的世界大相径庭。他们没有高速铁路、互联网或是智能手机这样的玩意儿，更别提那些神奇的人工智能和自动驾驶汽车了。

他们日出而作，日落而息。工作就是体力活，烦恼大多和庄稼、土地还有天气有关。男人和女人各有各的活儿要干，生活简单而明确。他们不用担心将来要做什么工作，也不需要烦恼是住在大城市还是去国外生活。至于吃什么、为什么会发胖、胆固醇含量多少、纤维及糖分摄入量这些现代社会的问题，对他们来说简直是天方夜谭。

那时候，化学品对健康的影响还不是人们茶余饭后的话题。他们没有各种炫酷的汽车可以选择，也没有最新款的手机、电脑可以用。旅行？那得靠双脚或者马车，哪像我们现在这样，想去哪儿就去哪儿。

他们的生活虽然不轻松，但面临的压力和选择跟我们今天完全不同。他们的担忧更直接、更实在。而我们现代人常说的“心理压力”，在祖辈们看来，可能就像外星语言一样难以理解。

压力从何而来?

让我们来聊聊压力这个话题。压力是怎么来的呢？让我给你数一数。

- 性别角色混淆不清，就像一场没有规则的足球赛，你永远不知道球会滚向哪里。还有那些不切实际的自我期望和优先顺序的混乱。
- 工作和家庭的角色冲突，就像是两个小孩子在争夺同一块糖果，结果往往是两边都不满意。而过重的负担和无聊的工作，就像是穿着湿衣服跑步，既沉重又无趣。
- 选择困难症？那简直是每天上演的现实版“生存游戏”。从肥皂品牌到智能手机，每个决定都像是站在十字路口，每条路都通向未知。
- 快速的节奏、过多的要求和激烈的竞争压力，就像是一场永无止境的马拉松，而你还得时刻担心被后面的选手超过。

- 来自各个角度的视觉、听觉、触觉、嗅觉的诱惑和干扰，就像是在一个充满霓虹灯和噪声的夜店里待了一整晚，让你的眼睛和耳朵都感到疲惫不堪。
- 家庭、教会和社区的解体导致的疏离感，就像是被丢在孤岛上，四周都是海水，找不到一艘船来救你。
- 高度流动性、短暂易逝的情况和不稳定性造成的孤独感，就像是在沙漠中行走，每一步都留下了深深的脚印，但很快就被风吹平了。
- 全球金融不稳定、经济动荡，货币大幅波动，这就像是在玩一场高风险的赌博游戏，完全凭运气赌下一张牌是赢是输。
- 全球战争或流行病的威胁无时不在，严重影响着我们的意识，我们的头上仿佛悬着一把达摩克利斯之剑，随时可能落下。
- 时间紧张、迷失方向、内心沮丧和单调乏味感，就像是生活中的调味料，虽然不是主菜，但却能让整桌菜变得难以下咽。
- 身体疼痛、炎症、自由基引发的衰老反应或残疾，岁月在你身上留下的印记，经常提醒你时间的流逝。
- 亲人和朋友间的情感创伤，就像是心里头的一道疤。就算伤口慢慢结痂、愈合了，那个印记却一直都在那儿，提醒你那些曾经的痛。
- 生活方式、经济状况、婚姻状况、教育状况、职业或工作状况的变化，家里添丁进口或者骨肉分离、家庭或工作的搬迁，这些都像是生活的过山车，时而让你兴奋不已，时而让你胆战心惊。

- 最后，在功能失调的家庭环境中成长，个体面临着一系列深层次的压力与挑战，这些压力与挑战犹如枷锁，限制了心灵的自由与个性的发展。具体而言，它们包括：

（1）情感表达的压抑，使得真实感受如同被尘封的秘密，难以启齿，与内心深处的自我渐行渐远；

（2）个人愿望被忽视，仿佛梦想的种子被埋藏在冰冷的土壤中，无法破土而出，见证阳光的温暖；

（3）对犯错的恐惧，如同紧箍咒般束缚着思想的翅膀，让人在尝试与探索面前犹豫不决，错失成长的机遇；

（4）冒险精神的缺失，使得生活的色彩变得单调乏味，每一次可能的飞跃都因过度谨慎而化为泡影；

（5）被遗弃的深深忧虑，如影随形，让人在亲密关系中也难以放松警惕，时刻担忧失去所爱之人的接纳与支持。

这些压力元素相互交织，共同构成了一个错综复杂的情感网络，它像一套设计得不合身的衣服，不仅无法提供应有的舒适与保护，反而成了个体成长道路上沉重的负担，让人感到束缚、不适乃至窒息。

所以你看，有压力并不奇怪，它是生活的一部分。但是压力过大时，人就会像一个过度膨胀的气球，随时可能爆炸。这意味着生理、情绪、心理、人际关系或精神压力超过了人所能承受的程度。记住，适当的压力可以激励我们前进，但过多的压力则会让我们崩溃。所以，找到平衡点，让生活更加美好吧！

在有效的自我管理中，关注自我的各个方面真的很重要。我们需要好好盘点一下自己，确保身心的各个部分都处于最佳状态。不过，由于每个人都是独一无二的，我们对压力的承受能力也各不相同。有些人能在压力中茁壮成长，而另一些人可能会因为压力而崩溃。所以，压力管理的策略和方法应该因人而异。

遗憾的是，大多数人从未接受过如何识别和应对压力的教育。我们常常忽视了压力的早期警告信号，不知道如何在压力变得难以承受时进行监测，更缺乏在情绪失控时管理压力的策略。作为被习惯支配的动物，我们的应对机制往往遵循旧有的模式，这些模式通常是未经思考、无意识的选择。

我们避免过度紧张、保持心态平衡的关键是淡然面对现实。然而，由于缺乏自我管理技能的教育，我们常常容易忽视甚至无视自己身体 / 情绪的需求，把自己当成永不停歇的机器。长此以往，必定会导致健康问题的出现，进而引发更多的压力和强迫性行为，然后我们又去寻求短暂 / 快速的解脱——这些暂时的缓解措施被形象地称为“情绪调节剂”（如图 3-1 所示）。

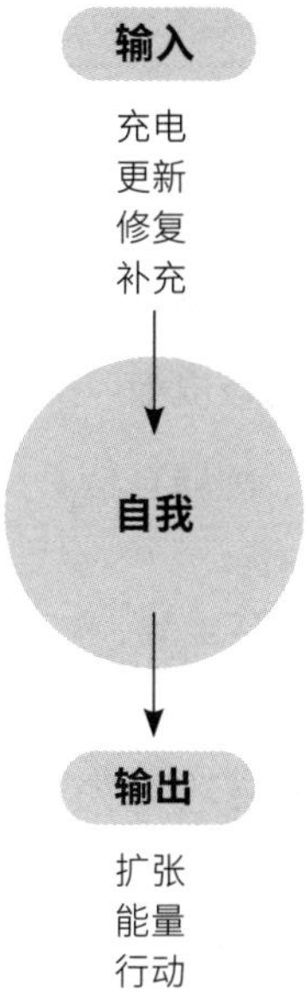

图 3-1 “情绪调节剂”

临时缓解

我喜欢把这些应对方式叫作“情绪调节剂”。所谓“情绪调节剂”，就是能立刻改变你的情绪、行为和态度的东西。我的客户用过的一些情绪调节剂有：散步、画画、对着枕头大喊、嚼口香糖、跳来跳去，或者跳进水池（如果有的话）。这些短期的情绪调节剂就像创可贴一样，暂时遮住了眼前的问题，但它们并不能从根本上解决问题。

翠西就是一个典型的例子，她喜欢用一些小小的“情绪调节剂”来应对忙碌和紧张的生活。她的“情绪调节剂”包括：

饼干、甜甜圈、冰激凌、糖块、红枣和高果糖蛋白质奶昔。你可能会发现，这些东西大多是甜的。

这些美味的食物似乎变成了她应对压力的工具。但除非你完全放任自己沉迷于这些食物，否则短暂的满足感会变成一种自我惩罚，进而加深“消极成瘾”的情绪，短暂满足之后反而会让你进一步批评自己、削弱自信，让你充满“我做不到”的无力感。

对锐滋巧克力的冲动

翠西个子高挑，棕色的直发披在肩上，一双大大的棕色眼睛总是紧盯着周围的人。她回忆起自己过去的经历，包括强迫症的发作过程。她的戏剧专业背景，再加上总是考试前突击复习，让她养成了一个习惯：每当遇到紧张情况时，她总会找到自己的方式来应对。她总是安慰自己：反正这些情绪调节剂只是暂时的。

大学毕业20年后，翠西坐在窗边的椅子上，稍微前倾着身体，低声告诉我，她已经成瘾了。她有点不好意思地说：“我现在对吃锐滋花生巧克力上瘾了。”

这已经不是翠西第一次陷入情绪调节剂的旋涡，所以她也没觉得特别惊讶。“最近压力很大，生活有些艰难，我就放纵一下自己。这只是暂时的，等我度过这段时间就好了。生活不容易，没有男人，还有忙得不可开交的工作……嗯，我就是需要找点乐子。”

翠西意识到自己已经成瘾。如果没有锐滋花生巧克力，她觉得一天都过不下去。

“我老是在想我的锐滋巧克力。我心想，今天是早上先吃一块，还是把两块都吃掉？也许我应该把两块都藏起来，等晚上当作自己完成工作的奖励再吃。”

翠西意识到自己在偷偷摸摸地走来走去，生怕被别人看到她大快朵颐地享用锐滋巧克力。她不能光明正大地吃，因为大家都知道她已经发誓不碰巧克力了，她不想让任何人发现她的小秘密。两块巧克力带给她的快乐让她回想起童年那些顽皮的时光，做“坏事”带来的肾上腺素飙升让她感到既刺激又兴奋。

她内心那个淘气的小孩为做了“坏事”而感到无比激动，但同时，内心深处的理智大人却因为她的食言而沮丧。她并不是真的因为做了这件“坏事”而开心。她相信自己完全有能力控制自己的欲望，每天只吃一块锐滋就好，然而三周后，她又开始焦虑起来。

“我整天满脑子都是锐滋巧克力。我心想：我为什么要禁止自己吃巧克力呢？这又不是可卡因或海洛因，一天一块巧克力，有什么大不了的呢？毕竟任性一点是对自己有益的，我的生活已经够有责任感、够规矩了。锐滋能让我放松下来，让我更接地气一些。”她为自己辩解道。

翠西这种对巧克力难以抑制的极度渴望暴露了她的内心失衡。她试图用锐滋花生巧克力来填补内心匮乏的情感需求，她感受到了一种难以名状的情绪，却无法坦然面对。

她可能会争辩说：“这是我应得的。我最近表现得很好，是个好员工、好朋友，也是个负责任的人。怎么了，吃块巧克力又不会死人。我总得找点乐子吧！”

翠西的脑袋确实挺聪明的，它收集了一堆事实，就等着在这种时候拿出来辩解。但问题的关键不是她是不是个好人，也不是她需不需要奖励，更不是巧克力会不会害了她。重点不在于她要不要偶尔淘气一下，或者让内心的小孩跑出来玩一玩。真正的问题在于，她的行为和她的真实自我对不上号。她明明知道某些事情对自己不好，却还是去做，就像用锐滋巧克力来应对生活的压力，这让她感到内疚。吃下一口锐滋后，她的情绪瞬间发生了巨大变化。

翠西说：“一块小小的锐滋巧克力，五分钟，嗖的一下，我的压力和焦虑全没了，而且花不了几个钱。效率高得吓人，效果特别好，性价比简直爆表！时间、金钱、精力，统统得到了高效利用。但有一个问题是，我对巧克力完全上瘾了。”

就像所有“瘾君子”一样，翠西对巧克力的需要不是一成不变的，而是逐渐增加，越来越强烈。她决定彻底戒除锐滋花生巧克力的诱惑。但对翠西来说，真正重要的并不是仅仅停止这种行为，而是深入探究自己的内心，了解自己真正的需求。

成瘾行为的背后

每种行为背后都蕴藏着情绪的驱动。如果一个人表现出成瘾行为，那么他内心深处可能正在逃避某种不受欢迎、不被喜爱，甚至完全不被接受的情感。这种情感的压迫使他选择去依赖某种“情绪调节剂”——比如食物、药物或其他物质，来暂时逃离这种不适感。对于成瘾者来说，使用这些“情绪调节剂”是一种自我保护的方式，目的是摆脱内心的痛苦。

消极成瘾者往往诞生于情感冷漠、缺乏支持或者情感压抑的家庭环境。在这样的环境中，掩饰或远离那些让人感到困惑、迷惘或不安的情感，成了一种自我保护的常态。在今天这个充满压力的社会中，许多人通过某些东西（例如食物或某种物品）来保护自己免受情绪上的伤害，这已成为一种普遍的应对机制。然而，当这些应对方式变得过度并导致消极成瘾时，问题便会变得极其危险。

成瘾的本质，是在反复的自我安慰中形成了一种恶性循环。当某人对某种物质或行为成瘾时，就会强化自我批评和自我责罚，这种内心的“消极攻击”会让人陷入更大的困境和痛苦。换句话说，成瘾行为会让人在短期内获得暂时的舒缓，但从长远来看，这些行为反而会成为与自我对抗的武器，加剧内心的冲突和挣扎。

每当这些“情绪调节剂”变得无法控制时，成瘾现象就会发生。成瘾使得人们失去选择的主动权，放弃了自我克制和参与感。成瘾行为将不再是自觉的选择，而是对个体的主导，决定了他（她）做什么、何时做以及做多少，个体完全被它控制。

然而，做出选择本身是一个过程，它要求我们审视所有的备选方案，经过深思熟虑后做出决定。真正的选择是有意识的、深思熟虑的，并且是在了解自己的选择可能会带来什么样的后果的基础上做出的。当我们做出选择时，我们不仅仅是在决定眼前的行为，更是在决定要如何面对这些行为的长期影响和后果。通过这种意识上的觉醒，我们能够超越任何外在的物质诱惑或行为控制，真正恢复对自己生活的掌控权。成瘾者放弃了他们的选择权。

成瘾已经深深植根于我们的日常生活，成为我们应对压力的一种方式。这些对物质、活动、人、地点或事物的无法控制的渴求，表现为强迫性、重复性和失控的行为，尽管它们带来了负面后果，但依然难以停止。事实上，任何事物或任何人都有可能成为成瘾的对象。重要的是要记住，成瘾性人格往往源于功能失调的家庭环境。

翠西渴望讨论自己对锐滋巧克力的成瘾问题。现在，她觉得自己有足够的自控力去面对这个问题，认为这正是一个审视自己成瘾行为的好时机。她决定深入了解自己的行为模式，探索自己为何会陷入这样的循环，并试图找出根本原因。这样一来，当下次冲动再度袭来时，她将能做好准备，清楚自己该如何应对，避免再次陷入成瘾的泥淖。

你本来的样子

我让翠西描述她与锐滋巧克力之间最近的一次斗争。

翠西说："那天我正和闺蜜薇琪在家通电话。她聊着两个孩子、丈夫，以及他们在新英格兰的家有多美多好。她的话音轻松愉快，但在她说话的同时，我的胃开始紧缩，脑海中思绪万千。一瞬间，我自己的生活像幻灯片一样在我眼前一一闪过。我看到了自己的三次婚姻、没有孩子、被银行收回的房子，以及所有未能实现的梦想。这一切让我感到无法忍受。那一刻，我想起了在饼干罐里藏的锐滋巧克力。我几乎是飞奔进厨房，伸手抓起那块巧克力，吃下第一口的瞬间，我感觉一切都释然了。"她深深地叹了一口气，仿佛回到了那一刻。

"你知道为什么你会感到解脱吗？"我问她。

"嗯，我是个巧克力狂，也许这就是原因。"她笑着回答。

"是的，但你看，巧克力里有一种非常特别的成分。"我接着说，"你知道恋爱时的感觉吗？那种平静、柔和、兴奋，仿佛处于梦境之中？"

“我记得那种感觉，但这和锐滋巧克力有什么关系呢？”她有些疑惑地问道。

“巧克力里含有一种叫作苯乙胺（PEA）的化学物质，它是一种情绪调节剂，能让大脑出现和恋爱时一模一样的感觉。换句话说，当你吃巧克力时，你会体验到类似坠入爱河的那种平静、安宁和梦幻般的感觉。”

瘾从何而来?

翠西的成瘾源于一种深深的自卑感。自卑的表现形式有很多种。她的内心常常有这样的声音：“我不够聪明，无法完成任务……我的电脑知识不足以胜任这份工作……我不够吸引人，无法吸引到我想要的关系……我不够优秀，无法参加比赛……我不够性感，无法吸引到优秀的伴侣……我不够瘦，无法让人觉得我漂亮……我不够吸引人，无法让人想要我……我不够强大，无法自己创业……”这些想法层出不穷，几乎覆盖了她生活中的每一个角落。翠西核心的感受就是她始终有一种不配得感，无法成为别人所期望的那个出类拔萃的人。这就是“我不行”的根源。

我们很少去正视自己的自卑感，反而往往是避之唯恐不及，因此我们常常寻求各种替代方法来填补内心的空虚，来缓解那种无形的痛苦。换句话说，我们通常只是处理表面的症状或行为，而没有从根本上解决问题。这些替代方法各式各样，从吃锐滋巧克力到跑步，再到喝朗姆酒，这些行为确实都在短期内为我们提供了一种缓解感，让人不再直面那个深藏在内心深处的空洞。

当你成瘾时，你已经放弃了对自己生活的掌控，变得依赖外界的事物，深信“它”能够解决你的问题。你的注意力越来越集中在外部，而不是内心。“它”变成了一个让你感觉良好的短期解决方案，帮助你应对眼前的压力。而随着成瘾的深入，你开始把“它”视为解决生活问题的灵丹妙药，逐渐失去对其他可能性的关注，行为也变得越来越有强迫性。你开始将自己的选择局限于该成瘾物，而完全放弃了对生活其他可能性的探索。

随着成瘾程度的加深，你会开始掩饰自己的行为。你变得更加含糊其词，先是以温和的借口来应对别人的关心和质疑，接着，这些借口演变成了更加精致的掩饰，最终甚至发展为厚颜无耻的谎言。撒谎时，你不得不记住自己编造的故事，这些谎言逐渐形成了自己的“生命”。有时，你甚至开始相信自己的谎言，现实和幻想之间的界限变得模糊不清。最大的危险就是，某一天，当你完全相信这些谎言时，你自己将再也无法辨认出什么是现实，什么是你所创造的虚构世界。

成瘾性人格特征

在面对巨大压力的人群中，特别是那些来自不健全家庭的人，或者已经深陷成瘾泥淖中的人，往往会表现出一些共同的特征。许多在生活中遭遇压力的人，会选择通过使用情绪调节剂来应对这些挑战，而这种方式容易让人成瘾。根据《当社会成为瘾君子》(*When Society Becomes an Addict*)一书的作者安妮·威尔逊·沙夫(Anne Wilson Schaef)的理论，成瘾行为不仅仅局限于物质，还有过程成瘾。以下是十大成瘾性人格特征。

(1) A型性格：这些人通常有很强的动力，追求目标，有抱负，竞争力十足，工作非常努力。

(2) 冲动：寻求刺激，探索欲强，喜欢冒险。

(3) 强迫性：具有完美主义倾向，极度重视自己的表现，对每一个细节都不放松。

(4) 脾气急躁：容易激动和暴躁，无法轻松应对压力和挑战。

(5) 无敌感：这些人往往极度活跃，无拘无束，精力充沛，对任何事情都充满激情。

(6) 思维僵化：生活中往往采取二元视角，无法看到事物的多样性和复杂性。

(7) 对疼痛敏感：这些人通常对身体上的不适、情绪上的焦虑非常敏感。

（8）猎奇心理：对伤害或危险的感知力弱，常常追求极限体验，往往忽视潜在的后果。

（9）多愁善感：情绪起伏较大，容易受外界环境或他人情绪的影响。

（10）炫耀欲：对财富、权力、财产、声望和社会认可有强烈的追求和需求。

成瘾性人格不需要具备上述所有10个特征，但这些是最常见的成瘾行为的表现。成瘾性人格的形成往往源于童年时期的家庭环境，以及对情感和压力的应对方式。

安妮在她的书中区分了两种成瘾类型。

一是**物质成瘾**：指人们对特定的物质产生依赖，如咖啡因、糖、巧克力、碳水化合物、面包、尼古丁、酒精、毒品等。这些物质不仅能够增强人的情绪，还能导致身体对它们产生依赖，从而形成长期的成瘾行为。相关的行为包括暴饮暴食、酗酒、吸毒、巧克力成瘾等。

二是**过程成瘾**：与物质成瘾不同，过程成瘾指的是人们对特定行为或活动产生依赖，常见的过程成瘾包括咬指甲、购物、赌博、性、工作、锻炼、看电视、白日梦、担忧等。这些行为虽然并不依赖物质，但依旧能带来情绪的调节，且有着强迫性重复的特点。

白日梦成瘾的山姆

山姆是一个典型的过程成瘾者，他沉迷于白日梦。这种成瘾是他为逃避生活中的痛苦和无聊而选择的应对方式。山姆成长在一个极度压抑和充满控制的家庭，他的父亲是一个原教旨主义牧师，家庭气氛紧张，所有问题都归结于上帝或魔鬼。为了避免承担责任，山姆的内心充满了自我否定与压抑，他所能应对的唯一方式就是通过幻想来逃避现实。

在山姆的白日梦中，他能够逃离压抑的家庭环境，幻想自己成为一个受人崇拜的名人，拥有豪华的汽车、富有的生活，美女环绕。他的幻想是他面对现实无法承受的压抑和自我否定的一种方式。他通过这些幻想寻求慰藉和快乐。然而，尽管这些幻想为他暂时提供了避风港，但山姆内心的真实需求并没有得到解决。

18 岁时，山姆被送进了神学院，但由于违反了学校严格的规章制度，一年后他被开除了。他开始更强烈地反抗自己成长过程中受到的宗教束缚与行为规范。与此同时，他的内心又幻想着世俗的物质生活和欲望，这种分裂感让他陷入了深深的内疚和绝望中。他认为自己永远无法实现那些梦想，无法拥有自己渴望的财富、生活方式和社会地位。

最终，山姆意识到自己内心的矛盾，这成为他进入消极成瘾状态的导火索。山姆开始用自我折磨的方式来惩罚自己，因为他无法满足父母和社会的期望，也无法过上自己渴望的生活。他对自己极为严苛，并通过自我惩罚来寻求一种释放，因为这种折磨让他感到某种程度的兴奋和充实。

他会对自己严格要求，以便……

（1）为自己的世俗行为赎罪：他像是在跟自己的良心玩捉迷藏，每次做了点出格的事儿，就会赶紧给自己设个高高的门槛，非得跨过去不可。

（2）体验内心的冲动：他心里头住着个调皮鬼，总爱撺掇他去做些出格的事儿。他就顺着这股劲儿，给自己定下一个又一个挑战目标。

（3）受到合理的惩罚：他就像是个自我监督很严格的法官，一旦发现自己偏离了轨道，就会毫不犹豫地给自己来一记“合理”的惩罚。

（4）即使是在进行自我惩罚，他也会感到兴奋。他像一个喜欢刺激的冒险家，越是艰难的路，走得越带劲儿。

所有成瘾行为背后的关键因素

无论你是一个沉迷于白日梦、迷恋吃蛋糕或是吸食毒品的消极成瘾者，实际上所有成瘾行为都有一些共同的基本特征。

即时满足。所有成瘾行为都会产生即时满足感。当你沉迷于某种物质或过程时，你会感觉更好。瞬间情绪改善的体验是令人愉快的。

简单思维。你相信情绪调节剂会让一切都好起来。你认为“它”是一种灵丹妙药，能够诱发积极的心理、情绪和生理状态，也能缓解消极状态。

忽略生命的重要目标。你会沉迷于瘾，并将其视为生命中最重要的事情。

认知失常。你的认知变得扭曲和不准确。你无法准确地感知现实。你开始夸大正常的人、事物和环境。

过度依恋。你对瘾的依赖程度如此之高，以致严重影响到正常工作和生活。你和瘾之间形成了一种需求/依赖关系。你需要它来获得快乐，你的幸福取决于是否能得到它。

戒断症状。一旦你失去了成瘾的物质或过程，不良后果就会立即出现。你会出现令人不快的生理、心理和/或情绪症状。一想到或面临要与瘾分离，你就会受到精神创伤。你会变得愤怒，为自己拥有或使用成瘾物质或过程的权利辩护，并采取行动维护自己为所欲为的权利。

无力感。你感到无力改变自己的处境。你已经将自己的权力交给了自己以外的东西或人。形势比人强，你无法改变现状。你将变成瘾的奴隶。

二元思维。你是二元思维的受害者。你认为这个世界非黑即白、非此即彼、非对即错、非好即坏、非开即关、非精彩即糟糕。生活被你视为一场零和游戏，钟摆在二元对立面之间摆动，没有快乐的中间点。

成瘾行为的发展遵循明确的阶段递进规律。随着神经适应性增强，个体需要持续加大成瘾物质的摄入量或行为强度以满足阈值的提升——这种现象在临床上被称为耐受性增强机制。成瘾进程通常呈现以下六个阶段性特征。

（1）初探期（首次接触）；

（2）增量期（用量/频次提升）；

（3）转化期（从过度使用到滥用）；

（4）戒断尝试期；

（5）代偿控制期（试图通过定量使用实现控制）；

（6）成瘾转移期（替代性成瘾行为形成）。

值得注意的是，约75%的案例会加速进入第三阶段，即病理性滥用阶段。

我们都有不同程度的瘾。在某种程度上，我们都可以被称为瘾君子。原因在于，我们生活在一个成瘾的社会。试着想一想，你认识的人中还有谁不沉迷于某种东西？它也许不会危及生命，但你知道有谁不沉迷于糖、咖啡因、巧克力、香烟、忧虑或运动吗？

生活中处处充满诱惑，放大了我们的缺陷。人们总是相信，答案就在一个外部解决方案中，它能解决人类迫在眉睫的所有问题。这些问题可能是紧张、焦虑、压力、抑郁、头痛、脱发、勃起功能障碍、便秘、胸部或生殖器增大、自我形象不佳、性欲低下、被同伴拒绝，或者在网上寻找灵魂伴侣。铺天盖地的广告告诉我们，答案就在眼前！你可以买到它，感觉会更好，得到解脱。

成瘾，从字面意义上说，就是自我毁灭的行为。它侵蚀自尊，并会逐渐引发健康问题；它导致社交障碍，甚至可能摧毁职业发展、身体健康、稳定的情感及人际关系。从某种程度上讲，所有成瘾行为都体现了一种潜在的“负面倾向”。在我们的社会中，成瘾行为往往被纵容甚至被强化，直到它演变成轰动的头条新闻。

在当今的社会结构中，成瘾行为已经以各种形式被普遍接受。无论我们做什么，似乎都能在某种程度上与这些行为产生关联。最终，这些成瘾行为就像弥漫的烟雾，逐渐渗透进我们的生活。我们习以为常，却往往没有察觉到它们的存在。

人为什么会成瘾？

关于成瘾行为的根源，科学家们提出了许多不同的理论。

下面是几种主要的观点。

缺乏意志力。传统的理论认为，成瘾的人缺乏足够的意志力，无法控制自己的行为。这种看法认为成瘾是一种“自我控制不足”的表现。

成瘾是一种疾病。另一种理论则认为，成瘾是一种疾病。这种观点减轻了以往与成瘾相关的道德评价，让成瘾者能够在没有羞耻感的情况下寻求治疗，也让他们摆脱了个人责任的负担。

生物学理论。有人认为成瘾的原因与遗传（基因）、新陈代谢或生物化学的失衡有关。也就是说，成瘾是由身体内部的生理问题引起的，这使得某些人比其他人更容易成瘾。

成瘾是一种行为问题。另一种观点则认为，成瘾是一种习得的行为，受到过去经历和当前环境的影响。根据这种理论，任何人只要学习如何改变自己的行为，就能摆脱成瘾的困扰，掌握自己的命运。

每种理论都有一定的道理，研究发现，它们之间其实是相互联系的。在微生物学的研究中，科学家们揭示了这些不同理论之间的内在联系。

人体会分泌一种叫作“类吗啡肽”（类似阿片的神经化学物质）的物质，这种物质能够给人带来兴奋感。无论它是通过自然的方式还是化学的方式引起的，最终的结果都是一样的：让人缓解焦虑，体验一种彻底的兴奋感。这种感觉，恰恰是成瘾者最为渴望的。

类吗啡肽是一种由氨基酸组成的短序列，能够与大脑中的阿片受体结合，起到神经调节的作用，并影响神经递质的释放。它们在人的动机、情绪和行为依赖方面起着至关重要的作用。典型的类吗啡肽包括 β - 内啡肽、β - 促脂素和脑啡肽。

你可能会问，为什么这些大脑化学物质和成瘾有关？其实，成瘾不仅仅是追求愉快的感觉，很多时候它和负面情绪也有关系。例如，你作为一个“消极成瘾者”，每当你批评自己、打击自己时，实际上大脑会分泌类似吗啡肽的物质。尽管这是种负面的快感，但它依然能带来一种兴奋感。人们虽然想要停止自责，却往往发现自己无法做到，原因就是他们对这种负面的兴奋感产生了依赖。

总的来说，成瘾不仅仅是对某种物质或行为的渴望，它还和我们大脑中的化学反应、情绪以及习惯密切相关。

咱们就拿迟到这个事儿举个例子吧。你约会又迟到了，心里那个小声音就会开始碎碎念：“哎呀，我怎么又迟到了！明明知道该早点出门的，这下可好，搞砸了。他可能等得不耐烦，直接走了，下次再约上他还不知道猴年马月呢。他还在那儿傻等，我却迟迟不到，真是太不体贴了。还有啊，手机都忘带了，真是没救了！每次都这样，迟到就算了，还总忘带重要的东西，之前准备那么久，现在全泡汤了。我真是个笨蛋，连这点小事都做不好。也许我不该干这行了，我的时间管理太差劲。我太失败了！”

听完上面这些话，你会不会有下面这些表现？

- 觉得呼吸有点急促？
- 心跳是不是加快了？
- 胸口是不是有点堵得慌？
- 是不是感到焦虑、内疚、害怕或者羞愧？
- 你有没有听过脑海里有个声音这么跟你唠叨过？这种情况是不是已经发生过好几次了？
- 你觉得自己是不是特别重要？
- 是不是觉得大家都在关注你（虽然是负面的关注）？
- 有没有一点自我满足的感觉？
- 是不是对自己的处境特别在意？
- 是不是觉得自己成了众人瞩目的焦点？

本来是一件非常简单的事情，就是别再迟到了。而现实是，你刚才这么一通自责，反而把那些你想改掉的坏习惯给强化了。你很可能还会继续迟到，甚至变成习惯性迟到。

你看，这就是消极成瘾者的剧本。你用自我贬低的方式，为了一些并不严重的事情无情地折磨自己。你的行为就像是在惩罚自己，说明你已经对自责成瘾了，根本停不下来。这时候，你感觉自己无能为力，优先事项都乱套了。你看事情的角度也变了样，追求即时满足感，却控制不住自己的行为。你充分体验到了那种类似吗啡肽的作用。这是一种自我贬损的行为，你会一直这么做下去，不是因为你想，而是因为你根本停不下来。你已经成瘾了。为什么会成瘾呢？因为“三重印记”把你的行为模式锁死了，而你就是打破不了它们。聪明人之所以会持续做一些看似容易停止的行为，就是因为“三重印记”在作祟。

三重印记

“三重印记”的概念在这里可以被理解为一个心理和生理的循环，依赖于持续的负面情绪强化，使得人们陷入一种自我毁灭的行为模式，且这种行为模式很难被打破。这个过程由生理、情感和心理三个方面交织在一起，形成一个闭环，使得个体陷入负向的循环中。

生理学层面：从生理学层面讲，当人们殴打或批判自己时，会激活类吗啡肽。虽然这种生理反应并不会让人感觉兴奋，但它会给大脑带来一种特殊的反应，类似于人跑步时释放的内啡肽。这种化学反应本身有一种令人成瘾的效果，虽然它伴随着强烈的负面情绪，但却能够为人提供一种“短期满足感”或“兴奋感”，这种快感成了人们反复进行自我贬低和自我惩罚的驱动力。

情感层面：在情感上，负面的自我批评会让人陷入焦虑、恐惧和自卑的情绪中。这些情绪不仅会在短期内强化负面自我感，还会加深对自身的消极看法。这些深层的恐惧、孤独和不安在每次自我批判时都会被激发，让个体觉得自己必须为过去的“错误”或“缺陷”赎罪。这种自我惩罚看似是为了促使自己改正，但实际上却适得其反，反而强化了消极情绪和认知模式。

心理学层面：在心理学上，我们都有被“关注”的需求，无论是积极的关注还是消极的关注。在童年时期，一个人如果没有得到正向的关注，他就会无意识地寻求负向的关注。成年后，他的这种行为模式依然会存在，且会强化成一种习惯，尤其是在经历过长期的负向强化之后。此时，个体可能会将自我批判、情绪痛苦当作一种“关注”，并将其与自我价值和个人身份相结合，仿佛这就是自我存在的证明。

三重印记的作用：当这些负向情绪被持续强化时，三重印记就会启动，进入一种自我毁灭的行为循环。这个过程不仅是生理上的“成瘾”，更是情感和心理上的不断强化。即使这些行为是有害的，个体仍然会感觉到某种“依赖”或“满足”。这就是为什么那些外表聪明、能干、成功的人，也会不自觉地陷入这些他们不希望重复的消极行为中。

消极成瘾症（或“灵魂空洞综合征”）成了这些强迫性行

为的根源，无法从表面症状着手解决，而必须深入“核心问题”。戒烟、戒酒、戒糖等行为上的改变，如果不从心理和生理的根源去处理，最终只会变成另一种形式的依赖或成瘾。真正想要改变这种“消极成瘾症”，我们需要与内心的负面情绪建立联系，并学会逐步脱离这一恶性循环。

这个“三重印记”模式实际上为我们提供了一个心理生理学的框架，解释了为什么即便在认知上我们知道某些行为是不健康的，仍然会屡屡陷入其中，并且让自己感到无力摆脱。

在本书第四章中，你将看到为什么情绪和感受如此重要，以及你能为此做些什么。

04

感受还是不感受

这是个很好的问题。你有没有想过开始关注自己的感受呢？我说的其实是一种生活方式，专注于体验、交流和表达自己的内心感受。具体来说，这种方式提倡对痛苦的诚实，意味着我们要真实地面对自己的感受，但要以一种温和而不是粗暴的方式去表达。同时，它也强调尊重真实的自我。

芭芭拉的突破

芭芭拉深深地爱上了杰瑞，他们开始交往，憧憬着未来，生活得很幸福。然而，一天晚上，杰瑞没有告诉芭芭拉，就带着她的室友出去了，甚至两人还一起过了一夜。当芭芭拉得知这一切时，心如刀割，痛苦不已。在一次教练课上，芭芭拉终于鼓起勇气，向我倾诉自己的感受。她感到羞辱、受伤和难堪，难以相信自己竟然如此深爱杰瑞，心里还因为仍在乎他而感到自责。她既难过又气愤，愤怒于自己为何会如此脆弱。各种复杂的情绪涌上心头，从伤心到愤怒，再到失落和想要报复，最终却只剩下麻木。她不想面对这些情绪，觉得每一种都让她显得更脆弱，容易受到他人的批评和伤害。她想要逃避，把自己的感情封闭起来，变成一块坚硬的石头，不再被伤害。

她甚至考虑过撒谎，告诉大家自己从一开始就没有真心在乎过杰瑞，认为他对自己并不重要，这只不过是一段无足轻重的恋情。她不断寻找机会，想在朋友面前表现得毫不在意，以挽回自己的面子。她以为这样就能置身事外，表现得冷漠一些，就不会再受到伤害。

我试探着问："芭芭拉，你真正想要什么？你愿意感受这些情绪吗？"

芭芭拉极力克制住自己的情绪。她解释说，当她的朋友去质问杰瑞对她的行为时，杰瑞只是一笑置之，说这没什么大不了的，反而觉得是芭芭拉反应过度了。

我提醒芭芭拉，选择权在她手里。我问她，从长远来看，什么才是对她真正有益的。她终于崩溃地说道："我不想活得像一摊扶不上墙的烂泥。如果让我真正去感受这些情绪，我可能会哭个不停。那样的我，对任何人都没有好处。既然杰瑞根本不在乎我，我为什么还要爱上他？我到底是有多愚蠢？"

我建议她对自己温柔一些。爱上一个人并不是世界上最糟糕的事情，即使是单相思。我问她，能否允许自己爱上一个不爱她的人，能否允许自己在这一刻去感受所有真实的情感，成为一个脆弱但关爱自己的人。她想了想，说：“这真的很难，但我会努力尝试。”

芭芭拉面临的选择是：让自己去感受内心的真实情感，还是为了面子而压抑这些感受，变得强硬和冷漠。经过仔细地权衡利弊，她最终决定做真实的自己，勇敢地面对内心的真实感受，尽管这样可能会带来一些风险。这一选择成了她人生的转折点。她意识到，活出真实的自己，比迎合社会的期待更加重要。她不再假装镇定，而是勇敢地去尊从自己内心的想法。这一刻，她突破了自己的束缚，开始了一段全新的旅程。

赛安的选择

芭芭拉面临那样的选择并不是个例，赛安也曾经历过类似的困境。在她母亲去世之后，赛安不得不一个人承担起安排葬礼的所有工作，还要处理母亲的个人物品和遗产。面对繁杂的事务，她选择了专注于目标，认为这样能更有效地利用时间。她希望自己能迅速、果断地完成这些紧急任务，因此完全忽视了内心的感受，把悲伤、失落、愤怒和痛苦都深深锁在心里。

多年后，赛安坐在我的办公室里，向我咨询为什么自己总是很难感受到快乐，就像在某个时刻，人生的火花突然熄灭了。她面临着一个重要的选择：要么开始感受情绪，允许自己成为一个有血有肉有情感的人，能够拥有和释放内心的感受；要么继续做一个高效的“机器人”，只关注任务而忽略感情。

赛安长期以来一直压抑着自己的情感，导致她对生活感到迷茫和无助。她害怕自己不得不从童年时期的每一件事开始，逐一回顾，重新体验那些情感。于是我告诉她，她不必辞掉工作，也不用把这件事当成一生的使命，只要情感浮现，便可以选择去感受当下的每一个瞬间。听到这些，她如释重负，表示愿意把“活在当下”作为自己新的座右铭。

不要随波逐流

在生活中，很多人都会用各种理由压抑自己的情感。在工作场合，许多人觉得表达情感并不被鼓励，反而那些情绪化的人常常被视为软弱、不专业或者任性。我有位客户就曾告诉我，她觉得如果自己流露出情感，可能会影响到周围的人。

我让她更具体地讲一讲，她回答说：“与人相处时，顺应别人的观点和做法会显得更容易，而表达出自己的想法却总是让我觉得很困难。我常常感到与周围的人不太合拍，如果我把自己的感受说出来，可能会惹麻烦。”

还有一个人跟我说：“我不太相信自己的感觉，所以每当我感到胃部有些不舒服时，我就会觉得是自己出了问题。”

一些人甚至认为，情感的体验既费时又麻烦，甚至是痛苦的，因此不值得去关注。有些人害怕被他人评价，而另一些人则沉浸在对电视剧中完美家庭的幻想里，觉得生活应该是那样的。我们常常被周围的环境所影响，但其实，做真实的自己才是最重要的。不要让别人的看法左右自己的情感，勇敢地去感受吧！

备受冷落让人感觉痛苦

玛丽是一位个体经营者，她和两位女性合伙人关系很亲密，直到生意中出现了一些问题。玛丽能在迪迪做的每一件事中发现错误，不断批评、指责她的行为。玛丽想弄清楚自己到底为什么对迪迪这么不满。

在教练过程中，我和玛丽仔细回顾了她最近经历的事情，发现了一个重要的线索。原本一切都很顺利，但秋天之后，情况开始变得奇怪。我问玛丽秋天发生了什么，她却想不起来了。于是我们翻看了她的日志，查看她 11 月份的日程安排，结果让她大吃一惊——原来 11 月是迪迪结婚的月份。我问她觉得这件事重要吗，她说："我没有被邀请参加迪迪的婚礼。"

我问她，是否希望被邀请。玛丽说那是个小型婚礼，只邀请了直系亲属。迪迪告诉过她这件事，玛丽当时感到非常受伤，觉得自己被冷落了。我问她是否曾向迪迪表达过自己的感受，她回答："没有，我不好意思提这件事。迪迪当然有权利按照自己的想法举行婚礼，是我太幼稚了。"

我告诉玛丽，虽然这件事情看起来很小，但它可能是她与迪迪之间沟通不畅的根源。一颗小小的芥蒂一旦埋下，以后可能会产生更大的误会和矛盾。

感觉不是思想

感觉和思想是截然不同的。简单来说，思想是理性、合理和合乎逻辑的，它们来自我们大脑的认知部分。而感觉则是个人的情绪反应，更加主观，和我们的情感紧密相连。感觉本身没有对错之分，只是如其所是的各种情绪。可人们常常花费大量时间和精力去琢磨自己的感觉，试图弄清楚它们意味着什么，或者是否合理。然而，事实是，这些感觉本身就不是理性的。在生活中，我们经常会遇到误解和沟通上的问题，导致彼此受伤、伤心、愤怒和不安。但这些感觉并不是问题的根源，真正的问题在于我们如何去处理这些感觉。只有认识到这一点，才能更好地面对自己的情绪，找到解决问题的办法。

自创内心戏

蒂姆和杰伊在同一家公司工作。蒂姆负责销售部门，杰伊负责服务部门。这两个部门之间曾经有些过节，一场冷战将他们分化成了两个不同的阵营。作为该公司的顾问，我的任务是想办法把他们召集到一起，找出问题的根源，并寻求解决方案。

在会议上，我们开始追溯事情由好转坏的时间点，结果偶然发现了半年前发生的一件事情。

销售部门终于成功争取到了一个努力跟进了近两年的客户。然而，当这个客户被交接给服务部门时，由于服务部门对一些问题处理不当，最终导致了客户的流失。这种情况让销售部门受到严重影响，蒂姆对此非常愤怒，试图打电话联系杰伊，但杰伊却一直不在办公室，正忙于参加各种会议，处理紧急事务。对蒂姆来说，客户至关重要，但对杰伊来说，这个问题并没有那么紧迫。

蒂姆心里觉得，服务部门对销售部门根本不在乎，对客户也漠不关心。他开始对服务部门横加指责，当他部门的员工听到后，更是对此事进行了添油加醋的描述。结果，销售和服务两个部门之间的隔阂越来越深，每个人几乎都能感受到那种紧张的气氛。

在与教练的谈话中，蒂姆倾诉了自己的愤怒、受伤、沮丧和绝望。我们复盘了事情最初的起因，并开始修复之前造成的伤害，以便让两个部门能再次齐心协力。

这样的情形并不少见。事情发生后，我们往往会做出反应。如果不及时反应，问题就会加剧。情感是人类生活中不可或缺的一部分，如何处理自己的感受至关重要。在这次事件中，大家的情绪都被压抑在心里，没有得到应有的宣泄。如果回顾一下蒂姆和杰伊之间的关系，就像是一出情感戏剧的创作过程，显示出他们之间的种种纠葛。

一个事件的发生往往会引发一连串未完结的情感，这些情感会转化为个人的判断。然后，人们基于这些判断和未完结的情感做出内心的判断，而这些内心戏码会不断累积，最终形成一种信念。这个信念可能成为一种自我实现的预言，除非这些情感和事件得到解决，否则它们会在各方之间造成极大的分歧。这种循环的现象不仅在国家之间存在，也是许多战争的根源。

- 例如，蒂姆最终失去了期待已久的销售订单，这让他感到失望。
- 此外，他还感到沮丧、失落、愤怒和绝望。
- 他试图联系同事杰伊，但总是联系不上，这让他觉得自己不被重视。
- 于是，蒂姆开始认为杰伊自私、不考虑别人，关键时刻总是缺席。他认定杰伊缺乏团队合作精神。
- 蒂姆的看法变成了：服务部门根本不关心销售部门和客户，只关心自己的薪水，除了钱，他们什么都不在乎。随着时间的推移，整个销售团队开始共情蒂姆的想法和情绪，逐渐形成了“所有服务人员都毫无用处”的观念。这种想法让两个部门之间的关系变得更加紧张。

销售部门对服务部门的态度普遍充满敌意，他们常常批评服务人员无能，对他们完全不感兴趣。不过，很多人其实说不清这些情绪和判断到底从哪里来。他们的回答通常是：“大家都知道，服务部的人就是……”

虽然蒂姆愿意勇敢地审视自己的内心，厘清自己的感受，但这其实也是一种冒险，需要极大的勇气。因为在商业环境中，谈论情感往往被认为是不合适的。但要解决这个问题，就必须释放心中的怨恨。我们需要深入情感的核心，找到怨恨的真正来源。否则，一个小小的事件就可能导致双方对立，并最终演变成一场全面的冲突。

晴雨表和信号

情感就像你内心的晴雨表，它控制着你的态度、情绪和幸福感，反映出你的真实状态。通过情感，你能判断一个人是盟友还是敌人，某件事是值得追求还是应该放弃，是该停下来还是继续前进。情感对每个人的身体健康、心理状态和情感平衡以及决策过程都至关重要。它们是我们生活中不可或缺的重要信号。

情感的目的性

情感在消极成瘾者康复的过程中起着至关重要的作用。清晰地理解、体验、接纳、表达和交流情感，对每个人、家庭、组织甚至国家的健康都是不可或缺的。以诚实和坦率的方式处理自己的感受，是个人和组织正常运作的基础。

情感的存在能帮助我们更好地理解自己和周围的世界。无论对错，情感都能将我们与内心的真实感受连接起来，并将我们与真实的自我融为一体。通过接纳和释放情感，我们能够更加自由地全情投入生活中。我们的感受会瞬间反映出我们与自己以及与他人之间的关系。自我认知的好坏深刻影响着我们的幸福感和成就感，而情感则是自我认知和幸福感的重要信息来源。

内心戏自创演示过程如图 4-1 所示。

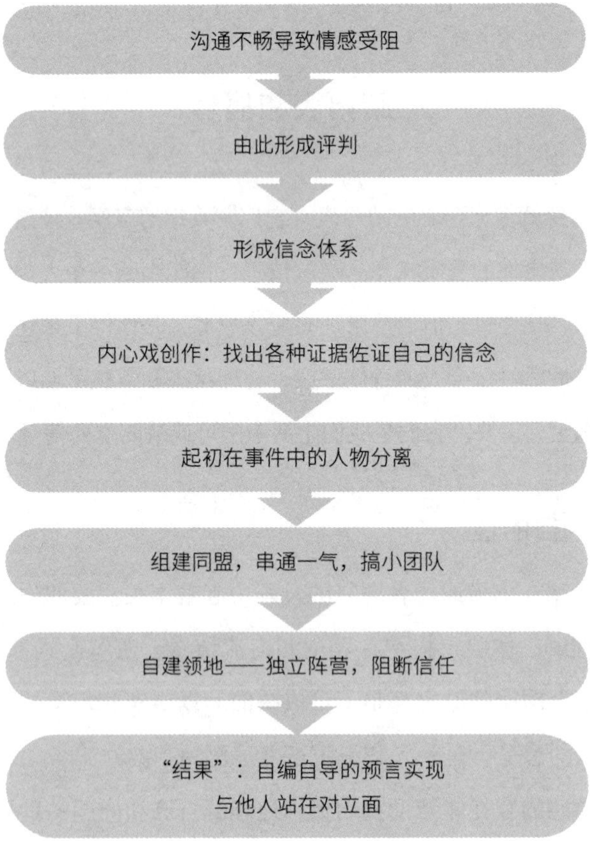

图 4-1　内心戏自创演示过程

与情感断联

当我们的情感没有得到应有的关注和回应时，它们就像被锁在一个封闭的房间里，周围逐渐形成了一道无形的障碍。这不仅会让我们与他人的关系变得疏远，也会让我们与自己的内心世界渐行渐远。许多人因为害怕面对真实的情感而选择逃避、贬低或否定它们，结果却是切断了与内心真正感受的联系。在本书前面的章节中我们曾提到过，消极成瘾者往往会感受到深深的匮乏、恐惧和孤独。如果这些情感不能被表达、释放或治愈，他们可能会通过追求各种短暂的快乐来填补内心的空虚，哪怕这些方式可能会对自己造成伤害。换句话说，如果我们与情感隔绝，却又渴望通过情感来证明自己的存在，我们就会努力去感受一些东西。

有些人自残的原因，正是为了释放内心的痛苦。那些难以表达情绪的人，有时会选择通过伤害自己来寻找一丝安慰。自残包括任何故意给自己造成伤害的行为，例如割伤、抓伤、烧伤、烫伤、击打、用头撞墙、拳打脚踢、将物品刺入皮肤、阻止伤口愈合，还包括吞食有毒物质或不适当的物品。因为他们与内心的情感断绝了联系，宁愿选择痛苦的感觉，也不愿意承受无感的孤独。

情感设计师

有些人对待情感的方式，就像试穿衣服一样。他们会体验各种不同的情感，看看哪些是自己喜欢的。如果喜欢，就把它们放进自己的“情感衣橱”。他们会分析这些情感，判断哪些是好的，哪些是不好的。比如，幸福、快乐、愉悦和宁静被视为“好情感”，而愤怒、悲伤、痛苦和抑郁则被认为是“不太好的情感”。于是，他们努力想要保留一些好的情感，而不允许自己有其他的情绪，但这样做其实是很困难的。

实际上，所有情感都是彼此连接的。如果你接纳自己的情感，就必须接纳自己所有的情感。比如，你不能只想保留快乐而把抑郁排除在外，也不能说“我不想孤独，但我想要所有的快乐”，这样是行不通的。如果你压抑自己的情感，就会压抑自己所有的情感。你不能选择性地排斥某些情感。例如，你试图压抑愤怒，可能会不自觉地把激情也压抑住了。因为这些情感就像一根根交错的线，紧紧相连。如果你控制住了愤怒，也就再也无法真正感受到激情的澎湃。所有的情感互相交织，彼此之间组成了一张紧密相连的网。

所以，最重要的问题是：你是选择去体验这些丰富的情感，还是选择把它们压抑起来呢？这才是决定你内心世界的关键所在。

情感是生命仪表盘上的指示灯

情感就像是生命仪表盘上的指示灯，时刻提醒着我们内心的状态。每一种情感都是重要的，它们会告诉我们自己是否在正常运转，就像汽车仪表盘上的油灯和各种指示灯，显示着引擎的状态。

比如，当你的车快没油时，指示灯亮起，提醒你需要及时加油。我们的内心发出的低油量警报就是情感的变化，面对这一情况，你可能会有以下几种不同的反应。

一种是你可能会感到高兴。因为这个指示灯让你提前知道了问题，这样你就能及时去加油，避免抛锚的尴尬。

另外一种是你可能会感到不安。也许你没有时间去加油站，或者你觉得车子耗油太快，心里不禁焦虑；又或者你刚加过油就有其他人用车了，这个人却忘了加油，这让你感到无奈；再或者，看到油价飙升，你心里不爽了。

当然，还有一种反应就是完全忽视这个指示灯，心想："算了，看看到底会发生什么。"但不管怎样，情感的指示灯都在提醒我们，关注内心的变化，才能更好地掌控生活。

告诉我 / 我不想知道

有些人很乐意接受情感的指示灯，这样他们就能提前知道发生了什么，并及时做出安排和处理。而另一些人则对自己有情绪感到烦恼，他们觉得情绪只会带来麻烦，浪费时间，让生活变得很不方便。他们可能会认为情感没用，甚至觉得没有情感会更好。

还有一些人选择回避、否认或忽视自己的感受，直到身体和心理完全崩溃。就像一辆汽车油快没了，指示灯亮起却被忽视，最终车子就会停下来，寸步难行。当情感的红灯亮起但一直被忽视时，人们可能会感到疲惫、焦虑，甚至出现更严重的健康问题，比如心脏病发作。因此，就像汽车定期需要加油一样，人也需要始终关注自己的情感，才能保持生活的顺利和身体的健康。

社会性漠视

在我们的日常生活中，除了在戏剧、心理治疗或个人成长的场合，情感通常被忽视、被贬低，甚至被视为无用或压抑的。我们从小就被反复教导，感受是不合理的，不要相信自己的感受。被灌输的观念是，应该否认和回避情感，表达情感只会给我们带来麻烦。我们从小就被教育情感是破坏性的，这种观念深深影响了我们对情感的态度和处理方式。

这种观念的强化，主要通过否定情感的价值，忽视情感的表达，甚至对情感的不当表达进行惩罚来实现。从很小的时候起，我们的教育过程就是教我们与自己内心的感受分离，避免感性，要保持理性。

当我们在看电影、观看体育赛事、参加婚礼或葬礼偶尔迸发出情感时，我们会感到瞬间的情绪失控，并立即努力试图恢复对情绪的控制。我们会压抑那些与特定环境不相称的情绪。在短时间内压抑情感成为一种条件反射，并逐步演变为自发的行为。如果你与自己的情感断联了，现在你可以有选择的机会。此刻你正处在一个十字路口：你可以继续以往的抑制情感的行为，也可以开始感受自己的情绪。

在情感觉醒的那一刻，你并不能立即改变消极的行为，马上做出更健康的选择。你刚开始觉察到自己的情感，暂时还不具备对其实施必要改变的能力。这个阶段可能是最具挑战性的，因为你有了觉察，却没有新的行动。旧模式与新模式之间的落差会让你产生负罪感、悔恨和自责。虽然这是康复旅程的必经状态，但会让人感觉非常陌生，与内在自我重新建立连接前，你会感觉跌落到了谷底。拥有自己真实感受的阻碍之一，就是我们会感到尴尬。

尴尬的成年人情感

成年人的情感常常充满了尴尬。我们有时会感到受伤、悲伤、愤怒，甚至是嫉妒，这些都揭示了我们内心的脆弱。谁不想让别人看到自己坚强的一面呢？可实际上，我们也是有情感的人，偶尔也会因为在意而失去冷静，这种时候真的让人感到尴尬。

有些情感在社会上被视为“禁忌”，以至于我们连承认都不敢。例如，当看到同事比自己更快升职时，心中涌起的愤怒；看到兄弟姐妹刚获得了社会赞誉时，心里隐隐地嫉妒；甚至在没有被邀请参加某个特别活动时，心里那阵失落……这些情感虽然正常，却往往被人们深藏在心底，不愿意提及。

成功情绪管理的五个步骤

那么，面对这些难以接受的情感，我们该如何处理呢？情绪可以主宰我们的生活，但其实我们可以学会掌控和管理情绪。情绪有时会让人感到害怕，我们可能会选择压抑它们，或者它们会在我们最放松的时候突然爆发，让我们彻底失态。因此，知道如何识别、厘清情绪，然后以健康、恰当的方式应对情绪，显得尤为重要。

识别和厘清自己的情绪，能帮助你更好地应对问题。当情绪出现时，你能更轻松地处理它们。而如果你选择忽视情绪，它们反而会更加强烈地影响你的行为。记住，认识和承认自己的情绪，是迈向情绪管理的重要一步。

1. 厘清情绪：找出心中的“意大利面”

我们每个人的内心常常像一碗乱糟糟的意大利面，混杂着各种情绪。想要理解这些情绪，首先要做的就是把它们一根一根地厘清。这个过程就像是在认真分开每根面条，慢慢感受、记录下每种情绪的存在。这个过程需要我们静下心来，给自己一些独处的时间。最好能有一位教练或朋友，帮助我们一起识别、分辨和标记这些情绪。

2. 承认你的情绪：面对真实的自己

当你终于厘清了内心的情感，接下来就是面对真相的时刻了。承认这些情绪是你自己的，接受它们的存在，而不是急于去评判、解释、辩护或试图理解自己的情绪，这是情绪管理中非常重要的一步。记住，情绪没有对错，接受现实才能真正开始走向内心的平和。

3. 体验、表达和释放你的情绪：让心灵得到疗愈

很多人以为，一旦厘清并承认了自己的情绪感受，一切就结束了，他们就可以回归日常生活了。其实并不是这样。要实现真正有效的疗愈，我们需要一个释放情绪的过程。就像伤口需要清理毒液才能愈合一样，内心的情绪也需要得以释放。那些深藏在心里的痛苦、伤害和愤怒，犹如毒药，只有把它们释放出来，才能让我们的心灵得到真正的安宁。释放情绪，才能让我们放下过去，迎接新的开始。

有时候，我们会感到愤怒或不满，但这并不意味着可以随便对任何人发泄情绪。想象一下，如果你正在街上走，突然被警察拦住询问问题，而你却对警察大发雷霆，那可能就会惹上麻烦，甚至被关进警局。因此，选择合适的地方和方式来释放情绪是非常重要的，这样别人才能理解你，而不是感到惊慌。

我发现，使用角色扮演的方式来释放情绪很有效。你可以找一个朋友或教练，和他们一起重新模拟触发情绪的情景，以安全的方式表达你的感受。这样既可以抒发你的情绪，也有助于释放积聚的能量。情绪管理的关键，在于选择适当的时间和地点释放情绪，只有这样，才能让我们更好地应对生活中的各种挑战。

4. 必要时进行沟通

不要把沟通与体验、表达和释放情绪混为一谈。很多人常常把这几者混淆，认为只要和对方聊过，就像是把内心的“电荷”释放了一样。然而，沟通其实是一个重要的步骤，有多种方式可以进行：口头、面对面、电话、书信，甚至是通过社交媒体。关键是，在和那些可能影响你情绪的人交谈之前，先把自己的情绪处理好。

负责任地沟通是非常重要的。毕竟，我们希望得到的是积极的结果，而不是让对方感到大吃一惊或被冒犯。释放自己的情绪可能会让你感觉很好，尤其是那些压抑已久的情感，但情绪的发泄也可能带来意想不到的后果。通常，情绪失控是未表达的情感长期累积所致。如果不去处理这些在貌似平静水面下的潜藏情绪，我们就像一把上了膛的枪，随时可能伤及无辜。在一些国家和地区，比如美国、苏格兰、荷兰、德国、瑞典、加拿大、挪威和法国等，都曾经发生过多起无辜者在学校、商场和社区被随机射杀的事件。到目前为止，发生在美国的这类事件占大多数，这也让我们停下来反思，为什么这种日益严重的现象会不断发生。这些悲剧的背后，往往有校园霸凌、媒体上大量的暴力报道，以及人们对情感表达的压抑等因素。想象一下，如果孩子们和成年人经常在电影和现实生活中看到他们的英雄用枪支和爆炸来解决冲突，那么他们在现实生活中模仿这种行为就变得很正常了。

要想减少暴力行为的发生，我们需要创造一个环境，让每个人，无论是大人还是孩子，都能以非暴力、负责任的方式表达不愉快的情绪。只有这样，我们才能让情绪表达变得更加安全和被接受，从而营造一个更和谐的社会。

把沟通看作是一个分两步走的过程，可以更好地照顾到沟通的双方。首先，你要关注自己的感受，并尊重这些感受。然后，你再以负责任和尊重的态度与对方沟通，确保使用对方可以理解的方式。这样，你的信息才能顺利传达，而不是被对方拒绝。

5. 反思和复盘

在这一阶段，你需要对整个情绪管理的过程进行反思，寻找每次经历中可以总结的经验教训。你可以问问自己：下一次我可以采取哪些不同的做法？换句话说，就是在进入下一个情境之前，先做好反思。习惯性地重复那些从未审视或释放过的情绪模式，可能会让你陷入一种强迫性和成瘾性的行为。于是，每一次强烈情感的经历，都可能是治愈过去的机会，也是当下成长的契机，最终能帮助你创造一个更加理想的未来。

潜意识的秘密账本

在日常生活中，我们的情感有时会经历一个特别的过程，那就是储存那些未完成的情绪。当一种情绪没有被充分体验、表达或者释放出来时，它就会在你的内心深处潜藏，直到某个时刻被唤醒，从而影响着你的生活。未完成的情感总会被召唤出来并发挥作用。

比如，萨丽收到了赫伯给本的电话留言，却忘了告诉本。这让她感到很尴尬，但她选择了沉默。几天后，赫伯打电话询问本，萨丽是否转达了自己的留言。虽然本没有在意，但他注意到了一条重要的信息被遗漏了。更糟糕的是，这周晚些时候，本应该带着需要萨丽签字的文件去和萨丽共进午餐，准备正式签署合同和尽快处理她的佣金支票。但当他到达午餐地点时，却发现自己忘记带文件了。萨丽询问关于文件的事情时，本感到无比懊恼，心里暗想自己怎么会忘记这么重要的东西。

这些看似简单的小事，细想一下就会发现，它们之间存在一定的因果关系。虽然本忽视了自己的情绪，但他的情绪却没有忘记萨丽。他心里那种被忽视和不被重视的感觉，迫切需要关注。虽然这些情绪在表面上看起来不算重要，但它们其实都被记录在了他潜意识的“账本”里。

随着时间的推移，类似的事情接连发生，以致最后本和萨丽之间几乎不再交流。本内心被忽视的情感呼唤着关注。于是，他们决定寻求专业教练的帮助，理清彼此之间的关系，努力修复这段友谊。在追溯到最开始的小事件时，他们惊讶地发现，情感在每段关系中扮演着如此重要的角色。微不足道的小事竟然能引发如此重大的沟通障碍。这让他们意识到，情感的表达和处理对保持关系的健康至关重要。

潜意识的运作方式十分神秘，它从来不会忘记任何事情。就像一个录像带，它会记录下你生活中的每一次互动。潜意识还充当着人生游戏的裁判，确保一切都是公平的。潜意识记录的最重要信息是与你的情感有关的数据。无论是你受到伤害的经历，还是感到被忽视和抛弃的时刻，潜意识都会将这些信息详细记录下来。即使你让自己失望，这些情绪也会被记在潜意识的“账本”里，确保一切都公正合理。

这世上有一种说法，受伤的情绪会随着时间的推移而消散，“时间是治愈一切的良药”就是这个观点的体现。然而，潜意识其实是在纠正你的每一个错误行为。当你经历各种情境，记录下错误的行为和积极的体验时，你内心的机制会逐渐建立起一个案例，积累信息，以达到情感的平衡。

因此，你可能会在口头上说“没关系”“我不在乎”或“没什么大不了的”，试图挽回面子，表现得冷漠和疏离。可是，这样做只会让你再一次切断与情感的连接，以掩盖内心真实的想法。潜意识却在暗中观察，并会在适当的时候将这些情感带回到你的意识中。被忽略的情感终究会要求得到承认，无法逃避。

所有成瘾行为背后的动机都是为了追求或避免某种情绪！

情绪是我们生活中不可或缺的一部分。首先，我们要允许自己去感受这些情绪，去发现、体验和表达它们。其次，与情绪建立联系，并学会管理它们，才能让情绪为我们所用，这对戒除成瘾行为至关重要。如果我们选择与情绪隔绝，不自觉地使用“情绪调节剂”，那就可能会导致我们更深地陷入消极成瘾行为之中。要记住，所有的成瘾行为都是为了缓解、逃避或麻醉某种情绪。因此，觉察和监控自己的情绪，是戒瘾恢复过程的基础。

但因为情绪这个话题常常被忽视，很多人其实并不知道如何准确地表达自己的感受。为了帮助你更好地识别情绪，表 4-1 中所列举的情绪词汇，可以帮助你厘清自己的情绪，并为其贴上标签。

一旦找到了自己的情绪，你就能更好地管理内心的声音，走向更健康的生活。

情绪词汇

常见情绪词汇如表 4-1 所示。

表 4-1 情绪词汇表

遗弃的	虚伪的	高兴的	忧郁的	庄严的
充足的	失败的	好 的	悲惨的	悲痛的
固执的	欣喜的	欣 慰	神秘的	恶意的
亲切的	渴 望	伟 大	淘气的	被宠坏的
有条理的	绝 望	贪婪的	紧张的	惊吓的
疏离的	破坏性的	内疚的	沉迷的	小气的
矛盾的	坚定的	轻信的	过时的	吃撑的
愤怒的	不同的	快 乐	古怪的	惊呆了
恼 怒	自 卑	可恶的	愤慨的	痛苦的
焦 虑	贬低的	神圣的	被忽视的	确信的
冷 漠	不重要的	有帮助的	不知所措	有同情心的
极度震惊	恶心的	无奈的	苦 恼	健谈的
惊 讶	心烦意乱的	兴奋的	惊慌失措的	被引诱的
尴 尬	发狂的	想家的	平 和	顽强的
糟 糕	不安的	可怕的	被迫害的	不可靠的
美 丽	分裂的	充满敌意的	惊恐的	不适的
背 叛	主导的	受伤的	可怜的	待定的
恶毒的	可疑的	歇斯底里的	有压力的	糟糕的

续表

苦　涩	热切的	忽略的	骄　傲	受威胁的
幸　福	极端亢奋	不朽的	好争论的	挫败的
大胆的	空虚的	施压的	狂怒的	疲劳的
勇　敢	着魔的	印象深刻的	清爽的	受困的
有负担的	精力充沛的	匮乏的	拒绝的	陷入困境的
无　聊	愉　快	受尊敬的	放松的	无礼的
冷　静	羡慕的	低人一等的	放心的	不舒服的
干　练	黑暗的	爱慕的	悔　恨	不安稳的
欣赏的	极度厌烦的	大怒的	气愤的	不重要的
挑　战	期待的	激发的	坐立不安的	不被爱的
有魅力的	疲惫的	被恐吓的	虔诚的	悬而未决的
被欺骗的	振奋的	孤寂的	奖励的	用过的
开　朗	好奇的	嫉妒的	公义的	激烈的
幼　稚	忐忑的	欢乐的	不开心的	至关重要的
聪　明	慌张的	神经兮兮的	满　意	活泼的
好　斗	愚蠢的	友好的	害　怕	惊艳的
好胜的	慌乱的	懒惰的	性感的	脆弱的
谴　责	吓坏了	好色的	摇摇欲坠的	暴力的
困惑的	自由的	被忽略的	生病的	温暖的

续表

出色的	害怕的	寂寞的	愚蠢的	眼泪汪汪的
满足的	沮丧的	渴望的	怀疑的	奇怪的
忏悔的	充实的	充满爱意的	困倦的	
残　忍	暴怒的	充满情欲的	卑鄙的	
崩溃的	一文不值的	疯狂的	邪恶的	
有罪的	滑稽的	刻薄的	担　心	

05

内心的声音

你是否曾经听到过自己脑海中的声音？可能是当你需要做出重要决定时，这些声音正在你脑海中权衡利弊。也可能是之前提到的，当你没有达到自己或他人对你的期望时，会遭受“消极攻击”。感受一下你脑海中对自己或他人进行评论时的对话场景。如果你能认出自己脑海中的声音，那么你并不孤单。绝大多数成年人都曾听到过自己内心的声音。

这些声音是什么？

这些声音可能是你在自言自语，也可能是你和自己或他人的对话，但最常见的是，这些声音只是对你说话。有些人很难分清自己的想法、感受、直觉、内心的声音和这些声音之间的区别。如果你希望摆脱消极成瘾的困境，就必须学会区分这些不同的内心交流方式。

想法是源于左脑的理性想法，涉及认知、分析、逻辑、理解、斟酌、考虑、推理、猜测和评价。

直觉则是一种不经过理性思考或推理过程的直接感知或内在领悟。

内心的声音是一种不自觉的评论，它通过整合生活经验的信息，以合乎逻辑、理性和合理的方式形成。这些声音可能以友好或敌意的方式与你交流，它们可能会给出建议、引导、指导，甚至批评或攻击你。这些声音的态度取决于它们是你的盟友还是敌人，也取决于你是否能够有效地管理它们。

内心的声音是你内心发出的指令，促使你去做一些看似不合逻辑、非理性甚至不合理的事情。这些信息通常与理性思维相悖，可能会让你感到困扰或不便。然而，内在的信息在你的人生旅程中充当着精神导航的角色，它蕴含着重要的启示和智慧，会引导你去做一些需要勇气和冒险精神的事情。这些信息可能来自你更高维度的自我、超我，或者来自天使、精神向导，甚至是穿越时空的灵魂，抑或是你称之为“更高能量”的存在。

无论你是否意识到，你其实一直都拥有内在的信息。人们有时会怀疑自己是否真的能接收到这些内在信息，因为大多数时候，脑海中的声音常常压过了内心的细语。就像你可能觉得自己没有连接到身体的基因（DNA），但实际上，你的基因早就藏在你的身体里。尽管你可能从未在显微镜下看到过它们，但它们始终存在，并在默默发挥作用。

内心的声音有时会变得如此响亮，以至于盖过了微弱的内心低语。这些响亮的声音往往来自父母、老师或者其他权威人物，他们对你都有一定的管控力，比如：

- 激励你去追求成就；
- 保护你，避免你遭遇伤害、失败或被拒绝；
- 促使你感到悔恨或内疚，希望你通过这种方式“赎罪”；
- 向你灌输价值观，让你变得“更好”，或者更符合社会期待的标准。

你脑海中的声音可能会以各种不同的形式出现。如果你有消极成瘾的倾向，这些声音可能是批评你、评判你、否定你、挑剔你的，甚至让你沉浸在负面情绪中。如果你没有消极成瘾的倾向，那么头脑中的声音可能是积极的、支持的、鼓励的、肯定的和热情的。

如果你已经准备好面对这些内心的声音，那么现在就是识别和管理它们的时候了。

识别内心的声音

识别内心声音的过程并不复杂，但确实需要一些具体的步骤。你需要按照这些步骤一步步去执行，只有这样，你才能让这些声音安静下来，然后对它们做出选择，并将它们转化为你的盟友。

要把这些声音变成你的盟友，首先你得搞清楚自己正在面对的到底是什么。为此，下面有四个步骤可以帮助你。

（1）仔细聆听你心中的声音。

（2）写下它们在说什么。

（3）或对着手机录音说话。

（4）描述你为这些声音创造的视觉形象。闭上眼睛，想象是什么或谁在对你说这些话。发挥你的想象力和创造力，描绘出你脑海中浮现的生命形象。

孩子们总是能巧妙地运用想象力，创造出各种各样的画面。他们为自己想象中的奇幻生物起名字，甚至会和这些虚构的角色互动。回想一下你的童年，你的创造力是如何支持你随心所欲地发明新奇事物的。那时，你的大脑充满了各种天马行空的想法和无穷的创意，而这个充满想象力的孩子依然存在于你的内心深处。那个孩子仍然像从前一样，充满幻想，热衷于异想天开，富有创造力。

多年来，你已经学会了如何有效地生活，做一个成年人。在这个过程中，可能在某些方面，你把内心的孩子藏在了某个隐秘的角落。现在，是时候让这个富有创造力的孩子重新出来玩耍了。给你内心的“创造力之子”一个机会，让他有机会给这些声音命名，描述这些角色，以及它们的风格、语调和目标。然后，决定什么时候让这些角色出现在你的生活中，与你互动。

你的选择：训练、商量或驱逐

当你意识到并接受内心声音的存在，并且给它们一个身份时，你就有了选择的权利：你可以选择①训练它们，②商量解决，或者③驱逐它们。

想象一下，你一个失散多年的表弟突然在假期来看望你，之后他却不打算返回自己的家了。那么问题就不在于你是否喜欢你的表弟，而在于你是否选择让这个表弟做你的室友。

你的脑海里也许住着一些不速之客，像杂七杂八的亲戚一样，他们往往是不请自来的。你可能一直在忍受他们，因为你是个好人，不想给别人带来麻烦。你可能不想让你的亲戚生气，也不希望他们对你发火。也许你会容忍、压抑自己的感情，会彬彬有礼、通情达理、和蔼可亲地对待你的“精神房客”。只要你不想让他们一直待在你的内心世界，那么就是时候清理一下这些不受欢迎的客人了。

但这并不意味着你要把每个人都从你的心灵住所中赶出去。你有三种选择：①训练；②商量；③驱逐。

如果脑海中的“住户”是你的表弟，你或许可以通过沟通和妥协，找到一个双方都能接受的解决方案，达成双赢的局面。但是，如果一切方法你都尝试过，但你们仍然无法达成共识，那么与其默默忍受，不如考虑驱逐他，给自己腾出空间。

你完全可以选择自己脑海里的“住户”，决定他们什么时候出现、说什么、用什么语气说以及说这些是出于什么目的。这些“角色”虽然可能住在你的脑海中，但并不意味着他们是你所想要的，也不意味着他们是永久的居民。很可能，他们只是过去的幽灵，偶然间闯进了你的内心世界，扎下根来。或许，他们觉得自己在那里很舒适，决定留下来，甚至无限期地居住。

现在，是时候清点一下谁在占据你的内心世界了，谁才是你内心世界的主人。

也许，你的大脑中有一个或多个声音一直在主导着你的思维，而你却一直在旁边观望，感到自己像个被困住的囚犯，无法逃脱这个封闭的空间。但事实是，你并非一开始就是这样的。没有哪个婴儿生来就被定性为消极的焦虑者！你才是最终的掌控者。

与其说你在寻求逃避，不如说你是你自己生活的“首席执行官”。你有权决定谁可以在你的世界里居住，谁又必须离开。你拥有完全的选择权。

你是你自己生活的主宰，你有选择的权利。大脑每天都陪伴着你，无论你走到哪里。你完全可以决定谁能在你的内心世界中居住，他们对你说什么，甚至他们用什么语气与你沟通。

工作狂埃琳娜

我的一位客户非常擅长表达她内心的声音。她意识到了自己大脑中的声音，并且发现将这些声音形象化相对容易。她愿意和我公开讨论这些声音，她对于这些内心人物的描述非常生动，甚至可以细致到他们所扮演的角色和他们出现的场景。她的心理图像如此丰富，因此我认为与她深入探讨她的角色、演员阵容和主要场景会对她非常有帮助。

聆　听

埃琳娜是痴迷于工作的狂人，她快把自己逼疯了。她告诉我：“我知道我的处境是自己造成的，但我困在了这样的模式里。换句话说，我知道这一切都是我自己造成的，但我不知道如何停下来！”

当我们讨论到具体问题时，她提到，她每周大约只有两个小时的时间是属于自己的。她的生活被备课、教学、客户、写作、家庭和研究项目填得满满的。她没有空闲时间，感到不堪重负，还得了幽闭恐惧症。我问她是想从时间管理和日程安排的角度来解决这个问题，还是希望解决她内在心智模式的问题。她回答说，她想审视自己的内心，不想仅满足于解决表面的困扰，更希望关注问题的核心原因。

接着，我让她告诉我她头脑中的声音在说什么。她说，有一个声音不断地催促她要完成任务，这样她才觉得自己的存在是有意义的。每天她都必须完成足够多的任务，以证明她有生存的权利。她从不知道什么时候才算满足了自己内心的驱动力。我让她说出这个声音的名字。她称这个声音为劳蕾尔。然后，我请她向我描述劳蕾尔。

劳蕾尔

劳蕾尔是完美的化身。她总能把一切都做得无可挑剔。她把长发挽成一个高高的发髻，穿高领衣服和比普通人长的裙子。她很少化妆，也不佩戴首饰，只戴着一副牛角框眼镜。她不能容忍懒惰、优柔寡断或找借口的行为。她对自己的要求极为严格。她擅长铁腕管理，总能按期完成任务。劳蕾尔之所以被称为劳蕾尔，是因为她获得了所有的奖项和桂冠[1]，她比世界上任何人都做得更多，并为自己的任务管理感到自豪。

我问埃琳娜："当劳蕾尔主导你的思想时，你的感受如何？"

她回答说："我感觉就像是被鞭抽、殴打、逼迫一样，这让我快要发疯了。"

我继续问："劳蕾尔的声音是你在脑海中唯一听到的声音吗？"

"不，"埃琳娜回答，"还有一个俏皮的声音，她喜欢玩乐。"

我对第二个声音产生了兴趣，继续询问。

"这个声音喜欢跳舞、去海滩、喝咖啡，喜欢闲逛和玩乐。她着装暴露，有时穿短裤和背心，有时穿红色的紧身流苏连衣裙，有时则穿着睡衣蹦蹦跳跳。她的作风轻浮，喜欢花钱、享乐和购物！她爱穿性感的衣服，喜欢和男人调情，笑声不断，爱唱歌，甚至彻夜狂欢，不考虑明天。这个声音确实会给我带来麻烦。劳蕾尔和我都害怕她。"

我问她怎么称呼这个声音。她毫不犹豫地回答："露西！"

[1] 劳蕾尔是英文"Laurel"的音译。Laurel 有"月桂""桂冠""荣耀"的意思。——编者注

“劳蕾尔和露西是怎么相处的？”我继续问。

埃琳娜回答道：“劳蕾尔下令让露西远离她的视线，并对她严格防范，因为露西总是让劳蕾尔感到尴尬。劳蕾尔花了很多年时间才建立起自己的名声、威信和成就。如果露西出现，她会彻底摧毁劳蕾尔的一切。所以，劳蕾尔不得不将露西压制下去，确保她始终保持沉默，不让她出现在人们面前。”

我继续询问她，是否只听到这两种声音。

“不，”埃琳娜回答，“在我的内心深处，还有另一个声音——一个悲伤、孤独、无助、抑郁的女人。她穿着一件褪色的连衣裙，长筒袜大得离谱，袜口耷拉在脚踝上。她的头发灰褐色，凌乱不堪，似乎多年没修剪了。她的指甲断裂，眼神低垂。她的胸部下垂，突出的肚子甚至几乎能碰到胸部。她看上去毫无生气，仿佛失去了做人的动力。她被接连不断的拒绝、种种挫败、破灭的梦想以及刻骨铭心的失败之痛彻底击垮了。”

我问她第三个声音的名字。

她低声回答：“海伦。”

我问海伦是怎么和劳蕾尔、露西这两个角色互动的。

她突然说：“等等，还有一个呢！”

我让她继续详细说说。

她说：“还有一个给劳蕾尔干活的杀手。他负责在露西接管大局的时候执行戒严令。这家伙有一个军火库，能摧毁一切。”

我问他的名字。

她一脸严肃地说：“米赫塔珀尔。”接着她还解释说，“事情是这样的：大概有百分之八十五到九十的时间，劳蕾尔都干得挺好的，但露西迟早会溜到前台来接管演出。劳蕾尔很生气，但一旦露西出现，前者就控制不了局面了。于是，劳蕾尔就叫来了米赫塔珀尔，让他掌控局面。结果米赫塔珀尔把眼前的一切都毁了，包括劳蕾尔，最后只剩下绝望、无用、被打败的海伦。等海伦有机会站到前台后，劳蕾尔又逐渐复活，开始重新掌管自己的生活。这样的情景一次又一次地重演。我真的受够了，更重要的是，我不想再这样下去了。”

我问她想要什么。

她说，除非她能把劳蕾尔和露西融入自己，否则这种模式会一直重复。

我问她想对米赫塔珀尔和海伦做什么。

她说：“一旦劳蕾尔和露西融入了我，我就想让其他人都离开。”

于是我们开始了探索，整合劳蕾尔和露西的内在声音，然后驱逐米赫塔珀尔和海伦。

声音从何而来?

这些头脑中响亮的声音来源于两个主要方面，仿佛是埃琳娜性格的组成部分。她童年时期的重要人物——父母、老师或其他权威人物——将他们的个性、价值观和言辞深深地印刻在她的心灵深处，影响了她的人生观与世界观。这些早期的影响逐渐形成了一种特定的性格特征，并成为她个性的一部分。

每当这些内心角色彼此对话时，就会出现所谓的“子人格”情境。事实上，当我们与自己内在的声音和谐统一时，我们并不需要与这些声音进行辩论或对话。而当我们不认同自己时，才会有这些声音的交锋。通常，子人格的产生源自内在的冲突，源自这些不同的声音之间存在着无法调和的矛盾。当自我不一致时，这种不和谐便成了我们童年时期从重要人物身上获得的种种影响之间缺乏整合的表现。

这些不同角色之间的内心对话往往淹没了来自内心深处的微妙信息。要想聆听这些深层次的内在声音，我们需要对这些角色进行整合。只有让它们平静下来，我们才能重新聆听到这些微妙的信息，恢复与内在的和谐联系。

整合的过程包括对话、视觉化、戏剧化、仪式化、外显，以及体验未解决冲突的情境。

视觉化是一种通过心灵的眼睛来看待理想现实的方式。它通过运用你的想象力与创造力，构建出你想要实现的画面。你闭上眼睛，专注于你所渴望的理想状态，从而激活你的大脑。在这个过程中，你看到的是清晰的图像，感受到的是相应的情感，听到的则是与新现实相关的声音和语言。若能调动尽可能多的感官参与其中，图像便会更具质感、深度与多维视角。这种感官的融合让图像从简单的幻想变得栩栩如生，缩短了幻想与现实之间的距离。

内部声音管理

当两个截然不同的内在角色存在于你的内心，就造成了角色冲突，这时你就会与自己产生矛盾。这是一场内心的斗争，是内在世界的冲突。

协　商

你需要化解内心角色间的冲突，让他们彼此协调一致，而不是相互对立。这个过程被称为“整合”。整合内在角色的过程类似于调解：每个角色都是独立的个体，拥有自己的议题、价值观和行为方式。

如果你决定保留内心中的所有角色，你就需要教会角色们如何和谐共处，而这通常需要协商。每个角色都需要成为你管理团队中的一员，帮助你实现个人的目标和愿望。作为团队的首席执行官，你的职责是确保各个角色都支持你，并且如果他们无法履行这个责任，那么就需要让他们退出。最终的目标是让你内心的声音共同协作，作为一个整体一起工作。他们具备不同的性格和观点并不是问题，事实上，成功的管理团队往往会有多样性。关键是，各个角色能否超越个人的分歧，共同帮助你实现你的愿景。你需要协调这些角色，使他们在一起运作，而不是感到自己是无法领导的受害者。

认识并熟悉你内心的声音，这是一个有益的过程。这是一次深入自我心灵的旅程，是与你内心的角色——那些“演员”们——相遇的机会。你可能只有一个内心的声音，或者有多个。无论内心的声音有多少，最重要的是你要了解这些角色是谁，分别对你说了什么。只有在明确了这一点后，你才可以选择接下来如何处理。

如果你不对这些内心的声音做出选择和管理，你可能会感觉自己成了这些声音的受害者，仿佛它们主宰了你的内心世界。这些声音可能是你过去生活中的真实人物，也可能是几个人的综合体。各种声音和角色可能表现为数字、超级英雄、动物、物品、颜色、你认识的人，甚至怪物。只要与你的感知相符，其实它们可以是你脑海中想象出来的任何形态。珍娜的情况就充分体现了这一点。

珍娜和毛绒怪物

有一天，一位名叫珍娜的客户哭着来找我。她说：“我对自己太苛刻了，怎么也停不下来！”

我问她发生了什么事。

她回答：“我任何事情都做不好，无论我做什么，都会不断受到批评！”

我们开始了一个类似前文我和埃琳娜之间那样的讨论过程。我让珍娜描述那个让她感到如此痛苦的内心声音。她告诉我，那个声音充满了残酷、侮辱和恶毒的评论。于是，我继续请她详细描述这个声音。

她说：“他身材高大，毛发浓密，身高至少七英尺。他手里拿着一根巨大的棍子，每当我说或做他不喜欢的事情时，他就会用棍子打我。我被打了很多次，身上满是瘀青和血迹。我甚至觉得这影响了我的身体姿势，走路时都开始驼背了。”

“那个声音叫什么名字？”

她回答说：“托尔。”

我问她想对托尔做什么。

珍娜顿了顿，认真地说：“我想驯化他。他很强壮有力，所以我不想赶走他，但我希望他能站在我这边，而不是总是和我作对。我需要教会他有礼貌，特别是教会他应该如何对我说话。”她补充道，“我还得把他那根该死的棍子给扔掉！”我们开始驯化托尔。

托尔并不是生来就是好人或者坏人，他只是失控了。这就像家里有只大比熊犬占据了整个房子，因为它没有接受过正式的训练，所以就会毁坏家里的地毯，撞翻艺术品和家具。你的家之所以变得一团糟，是因为你没有对这只大比熊犬进行有效的控制，而让它对房间拥有了优先占领权。在这个比喻中，你的房子其实就是你的心灵。如果你允许某种动物占据你的房子，那么你就该开始控制它了。解决办法并不一定是赶走托尔，当然，你也可以选择这样做。问题的关键在于我们应当评估托尔对你是否有帮助，是否值得花时间去训练，将他转化为你的盟友。在这种情况下，珍娜选择了留住托尔。她看到了托尔的潜力，决定驯服这只比熊犬，这对她来说是最好的解决办法。

为了有效地管理你内心的声音，处理这些声音时，你需要按下“暂停”键，不要评判。正如在珍娜的案例中看到的那样，这些声音并不总是源自过去的人，它们可能是你大脑将不同的人格特质交织在一起，形成的一个个全新的实体。在某些情况下，内心的声音甚至可能并非人类的形象，而是动物的形象，就像西尔维娅遇到的情况那样。

西尔维娅和狗

一天，新客户西尔维娅来找我。她曾经非常成功，出版过六本书，拥有自己的电视节目，还曾在世界各地生活过。但现在，她感觉自己陷入了低谷，迫切想要改变这种状态。她告诉我，尽管曾经取得了那么多成就，但有时她还是感到非常无力和迷茫。我们开始了一段旅程，去接触并理解她内心的声音。

西尔维娅提到自己缺乏安全感，并且极度依赖外界的认可。

“这些声音对你说了什么？”我问她。

她回答：“这些声音说‘请喜欢我。我也想玩，让我一起来吧’。”

我鼓励她更具体地描述这些声音。

“它是一只湿漉漉的小可卡犬，伸着舌头，摇着尾巴，跳起来用爪子轻轻地挠我。”她这样形容道。

“它叫什么名字？”我问。

她带着些许轻蔑回答：“可卡。”

我注意到她的情绪有些激动，便问她为什么看起来不高兴。

她答道：“我讨厌可卡犬，它们需要太多的关注。”

我继续追问：“它什么时候出现的？”

西尔维娅沉默了一会儿才回答："当我感到困惑、不安全，觉得自己不够好、孤独，渴望被关注和得到肯定时。它总是在我脆弱时出现。"她叹了口气，"我讨厌自己像可卡犬一样！"

我问她内心是否只有这一个声音。

她坚定地回答："不，绝对不止一个。还有一个声音，它展示了我强大、机警、自信的一面，这个声音帮助我达成了所有目标。"

我要她描述一下这个声音。

"它是强壮、闪亮的，像个冠军，充满了不可忽视的力量。"她说，眼神中闪烁着自豪。

"它是什么形状和大小的？"我继续询问。

她非常自信地回答："那是一只杜宾犬的声音，名字叫'杜比'，真是太贴切了。"

无论是什么原因，西尔维娅的内心声音都呈现为狗的形象。她的内心似乎有一个为这些狗定制的"狗窝"。现在，她需要做出决定，是留下每一只狗，还是把其中一些放走。选择了想要养的狗后，她还得明白每只狗在她生活中的角色。她必须为每只狗分配一个具体的任务，确定想让它们给自己传达什么信息，并确保这些声音能够在她的引导下按预定的方式说话。只要她管理好自己的"狗窝"，让它为她的生活服务，这种内心设定的“狗窝”也是可以存在的。但最重要的是，不要让这些狗掌控她的生活！即使她曾经让它们做主，但她依然能够重新掌控局面。

当你迷失自我时，制造戏剧性冲突便成为获取他人关注的生存策略

那些萦绕心头的内在声音，实则是被意识放逐的“次级自我”——它们如同争夺注意力的存在体，往往承载着你曾遗弃、主动剥离、选择性忽视或过度美化的自我碎片。当无法通过其他方式确立自我存在时，制造戏剧性冲突就成为向外界求证的极端方式。但我们需要清醒地认识到，这些分裂的“角色扮演者”终究有别于你的真实自我，亟须对它们进行整合。

消极成瘾者或许无意中会受到这些内心声音的伤害。了解这些声音的形成机制，它们是如何滋生的，对你来说至关重要。你需要认识到这些声音的存在，并学会如何掌控它们，从而获得对自己生活的选择权。

既然消极成瘾是一种瘾，那么你必须采取积极的行动，制订一个日常的行动计划，以其作为应对各种打击的解药。没有任何一种瘾会仅仅凭借意识的觉醒而消失。要战胜它，你需要每天的践行、行为的重复和对改变的承诺。

如果你正处于“消极成瘾”的状态，请放慢脚步，细读接下来的内容，做一些练习，开始你的康复之路。用温柔、尊重

和积极的态度对待自己。

本书下一章将提供一些有效的技巧，帮助你彻底停止对自己的惩罚。现在，关键在于你如何掌控自我，并做出明确的选择。

06

保持警醒

大多数人并不是一直都在自责的，但有时候，当你最放松的时候，消极攻击会悄悄袭来，像个隐形的敌人，从背后偷袭，抢走你生活中的快乐和自信。如果你成长于一个不太健康的家庭，你可能会习惯性地从问题和解决方案、痛苦和止痛药、自我否定和修复的角度来看待事情。你总是想要找到一种立竿见影的灵丹妙药，让一切立刻变得可接受。你可能非常没有耐心，也不太相信事情会有所改善。

要想改变这种状况，你首先需要了解自我否定的过程，搞清楚消极成瘾情绪是如何产生的，还要识别出那些引发消极情绪攻击的“催化剂”。这样，你才能在情绪失控之前，及时察觉到那些警告信号。

深度剖析自我折磨

自我折磨往往是由一件小事、一种想法或一种情绪引发的，或者是这些因素的结合导致的。例如，当你没有达到自己的期望时，就会开始自我怀疑。如果你总想把每件事情都做到完美，一旦表现不如意，消极情绪就会悄然涌入。比如，你骑自行车摔倒了，可能就会责怪自己太笨；又或者去参加了一个无聊的派对，回家后又开始自责为什么不待在家里；还有，去超市时忘记买某样东西，心里又会不由自主地责怪自己；甚至在阳光下晒伤了皮肤，也会懊恼自己不小心。

生活中自责的机会其实数不胜数，你可能因为没打电话、没写感谢信、忘记朋友的生日，甚至把晚餐烧焦而感到内疚。这些自我苛责往往都是由具体情境引发的。

总之，了解自己的情绪反应，学会宽容地对待自己，才能更好地面对生活中的挑战。

生活越来越好，让我们把它搞砸吧！

最近，生活似乎开始变好，事情开始朝着你期待的方向发展。你找到了理想的工作，还获得了不错的加薪，简直像在做梦！而且，一位好朋友打来电话，说她要离开一段时间，请你帮忙照看她那美丽的家。更棒的是，你终于和暗恋了一年多的人约会了。看着这一切，你心里充满了幸福感，觉得生活、朋友以及正在发生的一切都美好得让人不敢相信。

不过，随着好事接踵而来，你心里是否开始隐隐担忧？是不是觉得一切太过顺利，难免让人怀疑？你是否开始疑神疑鬼，担心下一秒会发生什么不好的事？难道你真的会有“等着，我可能会被调到西伯利亚去”或者“我在家时可能会被抢劫”之类的奇怪想法？有时候，你甚至会做一些糊涂而愚蠢的事情，潜意识里想要破坏自己的成功。你是否很难接受生活真的可以这么美好，自己真的拥有了想要的一切？是不是心里有些声音在告诉你，这一切似乎并不属于你？

我真倒霉，这到底是怎么回事？

有时候，你可能会感到困惑：明明一切都很好，身体也没问题，但心里总觉得有点不对劲。你真的没什么可抱怨的，却还是感觉闷闷不乐。此时，你可能在想，是该去找医生、治疗师、教练，还是去海边散散心呢？

其实，情绪低落往往意味着你的精神状态开始进入下行阶段了。在你开始自我精神分析，并陷入自责的循环之前，不妨试试另一种方法。你可以提醒自己，即使自己不处在最佳状态也没关系，试着活在当下，不用刻意去调整、改变、重新安排生活，也不必过度分析。这样活着，或许会让你有意想不到的收获。

救命！我发现不了自己的情绪

很多人因为长期与自己的情绪失联，常常对自己的感觉感到困惑，甚至对情绪的微妙变化视而不见，这种情况其实很常见。当你不能确定自己的情绪时，不要盲目指责自己不能辨别情绪，要温柔并有同理心地给自己一些理解和同情，允许自己去慢慢感受内心的波动。

试试查看情绪词汇表（表 4-1），看看有没有哪个词让你有感觉。如果某个词让你有感觉，把它写下来，然后大声朗读一遍。注意一下，看看这个词能否激发你内心的情绪。如果仅仅靠情绪词汇还不足以激发你的情绪，那就试着做些身体活动，来激活一下心血管系统。动起来，让心脏跳动起来，出一身汗，然后再回过头去看一遍情绪词汇表，看看此时是否能感受到什么情绪。如果还没有感受，那就找一段感人的视频看，或者听一段能让你热泪盈眶的音乐。一旦你找到了某种情绪，其他情绪就会随之而来。你的挑战就是找到至少一种情绪，并认真体会它。通过这个过程，你会慢慢重新与自己的内心世界相连接。

恐惧掌控

莎莉刚刚决定嫁给布拉德，心里满是甜蜜和期待。她幻想着两人手牵手走过开满雏菊的草地，憧憬着在温暖的壁炉旁度过浪漫的时光，炉火熊熊，轻柔的音乐在耳边响起，烤面包的香气弥漫在空气中，真是美好无比。然而，当她出门去取邮件时，一封寄给布拉德的催款信让她的美梦瞬间破灭。她突然感到一阵恐慌，心里开始胡思乱想：如果他的经济状况很糟糕怎么办？如果他隐瞒了真实身份，其实没有那么优秀呢？如果他只是为了钱才想娶我呢？如果在恋爱期间他一直表现得像个天使，而结婚后却变成了一个完全不同的人呢？结婚会是我犯下的人生中最大的错误吗？这一连串的疑虑让莎莉感到无比不安。她意识到，这就是所谓的“恐惧掌控”，只要稍微对现状产生怀疑，恐惧就会立刻爬上心头。面对这些不安，莎莉知道自己需要冷静下来，理智地去探究事情的真相。现在，她需要先放下这些焦虑，给自己一些空间，才能更好地面对未来。

选择之后的“是啊，但是……”

艾米丽对即将到来的欧洲旅行充满了期待，脑海中幻想着自己在古老的城堡里探险，享受美味的羊角面包，品尝香浓的牛奶咖啡，心里满是兴奋。然而，在一次与婆婆多萝西娅的谈话中，她的兴奋逐渐被焦虑取代。婆婆提到了恐怖分子，还暗示我们可能正身处战争边缘。艾米丽听了心里一紧，她才刚下定决心要去欧洲旅行，婆婆却用“是啊，但是……”的语句来打击她的信心。

“是啊，但是我们可能会被扣为人质！”

“是啊，但是我们可能再也见不到家人了！”

“是啊，但是我们可能会被杀死！”

“是啊，但是……”似乎有一副无形的枷锁，紧紧锁住了她的心，彻底破坏了她穿越古堡、吃羊角面包、喝牛奶咖啡的美好梦想。她的情绪瞬间跌入谷底，绝望感涌上心头。

“是啊，但是……”让她的思绪停留在最坏的可能性上，并将最坏的结果不断放大。

每当你做出一个选择，最开始是兴奋与憧憬，接着是美好的幻想，但面对现实的冲击，心中的“是啊，但是……”模式便随之启动，让人心生畏惧。

快给我一个救生圈，我要沉下去了！

当你感到状态不佳时，千万不要害怕寻求帮助。如果你不说出来，身边的人可能根本不知道你需要帮助。向家人、朋友、教练或心理医生求助，对你的健康非常重要。真正的好朋友不仅会在你开心的时候陪伴你，也会在你沮丧、生病或者需要帮助的时候及时出现在你身边。

本书下一章将为你提供经验证有效的抵御消极成瘾的技巧和工具。这是你个人的“工具包”，里面装满了应对消极成瘾的方法，让你能够更好地面对生活中的挑战。

07

自我批判综合征的解药

改善自我贬低的思维模式，是一个需要长期坚持的过程，可能会伴随一生。就像每天都要刷牙一样，它是你与自己建立健康关系的一部分。每一天，你都需要用这种方式来调整自己的心态，目标是创造一个积极的自我形象，增强情绪的稳定性，并通过这种方式来肯定自己，管理好生活。

为了让这些方法真正奏效，你必须坚持每天使用一些简单而有效的技巧和工具。这些方法的核心，正是帮助你建立、深化和巩固与自己内心的联系。本书中所介绍的所有工具，已经在全球五大洲几十年的实践中得到了验证，并取得了显著的效果。但是，只有在你有计划、有步骤地去使用它们的前提下，它们才能真正发挥作用。

不要抱有偏见，也不要因为这些技巧看起来简单就忽视它们。事实上，很多方法确实简单、直接，但能快速见效。你可以逐一尝试，让每一种方法都有机会为你带来改变。毕竟，内心的自我批判综合征并不像我们想象的那样复杂。

最重要的是，要有勇气打破陈旧的思维模式和行为习惯。不要因为我推荐了这些方法你就轻易接受，而是要亲自去体验，看看它们是否对你有效，感觉如何。如果你觉得有用，那就坚持下去；如果不喜欢，就可以从清单中删去。这是你个人的体验过程，让自己真正参与其中，才能发现最适合你的方式。

#1 对自己有耐心

你需要相信，你能克服这种消极倾向或成瘾表现，而且你一定能做到！你一定要接纳自己的“不完美”，理解自己时不时会退缩。当你退缩时，一定要寻求支持。你一定要知道，你正在进行的是一场行为之战，已经酣战多年，而且已经成了一种习惯，明了这个过程有助于增强你改善的信心。因为你不可能在一夜之间克服根深蒂固的习惯，对自己抱有这样的期望也是不公平的。要有耐心！

#2 每天进行 10 次自我认可……

当一天结束时，在一张纸上写下当天至少 10 项成就。一定要肯定自己能够完成任务，并为自己感到高兴。

• 列出你所做的一切令你满意的事情。

• 列出你所感激的一切。

• 列出你所有的祝福，尤其是那些你认为理所当然的祝福。

• 如果有一天你觉得自己没做成什么事，那就多想想你做成的事，特别要关注那些小事。

• 把焦点放在你做对的事情上，而不是做错或没做好的事情上。

“一天进行10次自我表扬，让自我鞭挞远离自己！”

#3 好消息/坏消息列表

这是“自我认可”的另一种方法。这份清单有助于你正确看待事物。把你高兴的事情和你可能担心或难过的事情列在一起。当你的思绪沉浸在负面情绪中时，给自己列一张平衡表，从平衡的角度去看问题。

#4 自我欣赏

早上，当你走进浴室后：

• 照镜子30秒。不要找自己的毛病，也不要挑剔自己的头发、皮肤、眉毛或牙齿。

• 只是看着自己的眼睛，接纳自己，停止自我评判，寻找内在的平静。

- 注意你的感受。
- 30 秒后说："嗨，亲爱的，一切都会好起来的。我在你身边，永远不会离开你。你可以依靠我。你对我很重要。我们不离不弃。"你可以说出以上的任何组合。即使你只说"嗨，亲爱的"，这也是一个好的开始。

你可以逐渐添加一些让你感觉舒服的短语。重要的是，用 10 秒到 30 秒的时间与自己沟通。这是早上和晚上都要做的事，也是临睡前做的最后一件事。如果你记性不好，可以在浴室的镜子上贴一张便利贴来提醒自己。

#5 日常压力管理

自我概念（Self-Concept），即一个人对自身存在的体验。它包括一个人通过经验、反省和他人的反馈，逐步加深对自身的了解。自我概念是与压力相关的关键因素。你的自我概念的平衡意味着感觉自己能够掌控一切，随时准备应对挑战，并有足够的能力处理手头的事务。当你感受到平衡时，你就知道自己有能力和动力去完成所要完成的任务。而当你感受到这种自信和能力时，这种感受又会强化你的自我意识、自尊心和自我信任。

反之，当你感到很难、没办法或没有能力应对眼前的挑战时，你就会感到信心和能力不足，你的自尊心会受到打击。当你感到能力受限时，你就会感到吃力，同时压力山大。压力 = 失去平衡 = 机体受到创伤，你会感觉失控，无法应对挑战或手头的任务。

培养、提升和强化自尊心是压力管理的一个重要方面，与身处高压状态截然不同。要知道，压力总是在你最意想不到的时候悄然而至。你会完全沉浸在解决问题的过程中，丝毫想不到你自己、自己的需求和自己的幸福。当这种情况发生时，就好像压力“粘住”了你。突然之间，压力无处不在，而你尚未意识到它的到来。

要想在压力抓住你之前抓住它，就需要注意并提高自己的意识。要做到这一点，就要了解你的压力指标，它们就像烟雾探测器一样，可以帮助你避免火灾。有三个检查点可以用来监测压力。首先，也是最可取的一点，就是从防微杜渐的角度来检测压力，在压力来临之前就预测到它。其次，如果你在事前没有预测到压力，那你可以选择在事发途中抓住它，在压力发作之前将其切断。第三，如果你已经感受到压力及其破坏性影响带来的困扰，你就需要去看医生，找压力管理专家，或者干脆使用情绪调节剂。

重要的是，要能识别表明压力已经发展到令人担忧的程度的预警信号。在压力爆发之前，先了解一下相关预警信号，也就是仪表盘上的指示灯。哪些信号表明压力即将到来？你的肩膀会变得紧绷吗？你是否会咬指甲、头痛、胃酸过多或下巴因紧张而疼痛？你是否彻夜难眠？预感到压力的明显迹象是：睡眠、饮食、性活动发生变化，易怒、焦虑或脾气暴躁。以下是一些关于如何观察压力表现、如何察觉压力水平、如何管理压力，以及当压力成为问题时该怎么办的热门提示。查看这份清单，找出你的早期压力信号。

- 颈部疼痛。
- 抖腿、玩手指、转铅笔。
- 头痛。
- 胸闷。
- 口干，牙关紧咬。
- 呼吸急促，心跳加快。
- 肩膀发紧。
- 头晕。
- 下背部疼痛。
- 双手冰冷或发麻。
- 屏住呼吸。
- 食欲改变。
- 易怒，脾气急躁，呼吸浅。
- 疲劳，失眠。
- 过度使用兴奋剂或镇静剂。

如果你能在压力信号刚刚显现时及时察觉，那么你就能尽早采取行动，防止这些症状像雪崩一样迅速蔓延。试着了解自身常出现的压力信号，它们通常有哪些表现呢？

#6 自我提问，找到问题的根源

当你感到压力逐渐加剧时，停下手中的工作，给自己一分钟的时间。此时，进行自我盘点是一种非常有效的方式。你可能已经沉浸在日常生活中，忘记了去关注自己内心的感受。为了帮助自己更好地评估当前的情绪和状态，你可以问自己以下四个问题，帮助自己找到问题的核心。

- 我的感受是什么？
- 我想要什么？
- 怎样才能让我重新掌控自己的生活？
- 我现在需要做些什么来照顾好自己？

当压力悄然袭来并开始主导你的情绪时，你可能需要考虑进行一些减压活动来恢复平衡。

- 冥想。
- 深呼吸（停止所有活动，专注于深呼吸）。
- 渐进式放松。

- 紧张/放松交替。
- 聆听让人放松的音乐。
- 释放能量（可以通过适当的运动来释放紧张感）。
- 大声说话（让自己表达内心的感受）。
- 表达自己的愿望（通过言语或书写的方式发泄情绪）。

在缓解了压力后，利用这个机会来反思和评估自己的生活方式。你可以通过问自己以下问题，帮助自己了解生活中的压力来源。

- 我什么时候感到压力最大？
- 在什么情况下，我会感到压力最大？
- 与谁在一起时，会让我产生压力？
- 哪些环境或地方会让我特别有压力？

最后，思考一下你今后能做些什么来减轻压力，调整生活方式。问问自己：

- 我是否愿意避开那些给我带来压力的情境？
- 我是否已经准备好改变自己的态度？
- 我是否愿意改变应对压力的方式？
- 我是否能够应对那些压力反复出现且越来越严重的

状况?

- 我是否已做好准备，愿意并能够做出哪些改变，以帮助自己更好地管理压力?

如果你还没有准备好改变生活方式，不愿意改变甚至无法改变，那么你就必须学会如何面对这些压力信号，或使用工具来管理压力。压力会影响你的身心健康，当压力大到超出你的承受范围时，甚至会打击你的自尊心。

建立和提升自尊心的关键条件：

- 当你清楚地知道自己想要什么时。
- 当你付出努力，促成自己期望的结果时。
- 当你根据内心的动机和愿望行动时。
- 当你克服挑战，取得看似不可能的成就时。
- 当你达到自己设定的标准和期望时。

一般来说，压力对机体是必不可少的，但过大的压力会导致身体和心理失衡，对人产生负面效应。过度压力让你身心痛苦，任何情绪、心理甚至身体上的痛苦都会让你想要寻找解脱的途径。为了减轻痛苦，很多人可能会依赖情绪调节剂，或者沉迷于某些活动和物质，以减轻压力带来的不适。

压力常常和成瘾行为密切相关。当压力过大时，大脑中的神经递质会被大量激活，从而带来短暂的情绪舒缓。这时，你可能会迫不及待地去做某些事情，以改变自己的感觉。“过度压力 + 成瘾倾向 = 消极成瘾症”！而这种行为最终会让你深陷其中，无法自拔。

#7　情绪调节剂

如果你发现自己每周三次或更多次依赖某种情绪调节剂（如过度饮酒、吃零食、过度上网等），你需要问问自己：今天，我能不能停下来，且不后悔？

如果答案是“能”，就挑战自己，在接下来的四周里改掉这些习惯。一个月后，如果你仍然渴望再次依赖这些情绪调节剂，那么可以继续，但需要持续进行自我测试，保持诚实、平衡和自制力。

如果答案是“不能”，那就必须寻求帮助。当你无法控制自己内心的渴望，尤其是无法戒除某种成瘾行为时，你就已经成瘾了。此时，你需要：

- 承认这一事实。
- 问问自己愿意为此做些什么。
- 联系专业人士、教练或支持小组来克服它。

#8 换个角度看待现实——重塑现实

“消极成瘾症”常常表现为对负面观点的执着。如果你总是只看到“半空”的杯子，负面情绪就会加剧。学会重塑自己的现实，是打破这种思维模式的有效方法。通过换个角度，你能看清过去的经历，转变看待问题的方式，打破“无助”感。

重塑的艺术是通过重新诠释事件，从而改变你的感受。想象自己是故事的主角，而不是无辜的受害者。当你回顾过去的经历时，你可以尝试将它们视为你成长的一部分，而不是失败的经历。通过这样做，你就可以看到，过去的一切都在为你今天的成长铺路。

* * *

我曾有一位名叫丽莎的客户，她总是抱怨说：“我浪费了七年时间，搬了七次家，换了七次工作，结束了一段婚姻。我总是拿不定主意。我无能为力，无法做出承诺。我很困惑、纠结，不知道该怎么办。”她对此充满沮丧，认为自己的人生毫无意义。为了帮助她改变这种看法，我让她重新审视自己过去的经历。

我说：“你试着这么想：我一直都在做自己想做的事情。每一次转变，都是一次新的开始。在这七年里，我经历了很多，也学到了许多，我从未陷入困境，我只是不断前进，忠于自己。”

她答道：“这么去想让我感觉好一些。”

这种换个角度看待现实的重塑方式帮助她重新认识到，她过去的经历实际上是在为她今天的成长奠定基础。

* * *

丽兹的父亲因意外去世，葬礼之后她才知道自己的名字被父亲从遗嘱中删除了。这对她来说是一次巨大的打击。她开始反思：为什么父亲会这样做？她感到困惑、愤怒，甚至因此不再信任男人。后来她终于明白了，失去继承权让她更加独立，增强了她的自信和自我实现的能力。

她最终将失去继承权的经历看作是自己成长的一部分，这使她更能依靠自己去创造想要的生活。

无论生活中的挑战和压力如何，我们都能通过改变思维方式，重新审视自己所经历的一切。通过重塑现实，我们不仅能减轻痛苦，更能将每个困难看作通向成熟和成功的阶梯。我们要始终牢记：每一个挑战的背后，都蕴藏着宝贵的成长机会。

#9 “这里肯定有一匹小马！”

有一个关于一对双胞胎男孩的故事，给人以深刻的启示。

* * *

有两个男孩外貌一模一样，但他们的性格却截然不同。临近生日时，他们都迫不及待地期待着收到自己的礼物。因为是双胞胎，父母总是给他们准备相同的礼物。父母首先把一个男孩的眼睛蒙住，带他去拿礼物。另一个男孩则留在房间里等待。

当第一个男孩揭开礼物时，他看到的竟然是一大堆马粪！他惊讶地喊道："这是什么？满满一谷仓的马粪！这简直太糟糕了！我应该得到更好的礼物！"他失望地低下头，踢着土，不高兴地走开了。

接下来，父母把第二个男孩带到礼物前，给他摘下眼罩。当他看到礼物时，激动得跳了起来，拿起铁锹开始挖土。他兴奋地说道："这里肯定有一匹小马！"

这个故事的寓意很深刻：我们不能只看事情的表面。当生活给了你马粪时，不要把它当作废物，而应该看到它作为肥料的潜力。换个角度，也许就能得到意想不到的收获。

#10 改写你的童年

丽莎的下一项练习是：回顾生命中每一个她沉溺于消极思维、"半杯空"心态的情境，并将其重新解读为"半杯满"的积极视角。其中包括婚姻、离异、继承权剥夺、挪用公款、关系破裂等所有遭遇。

她问我："我是不是在为自己过去的行为辩解，试图美化我的过去？"

我反问她："双胞胎男孩的故事中，第二个孩子的反应，难道不比第一个孩子的反应更不合理吗？"

她回答："不应该。"

于是我告诉她，每件事都有两个面，人们可以选择不同的视角。其实选择哪种视角并不重要，因为两者都是正确的。重要的是，你如何看待自己，如何选择看待过去。

丽莎对此表示疑惑，她认为这和犯罪分子为自己辩解是一样的。的确，有些行为是应该感到内疚、羞愧和悔恨的，尤其是那些伤害到他人或社会的行为。但我不认为我们应该永远背负着罪恶感。如果你想追求健康的生活，宽恕自己，放下过去的错误，是一种积极的做法。

"重塑"的练习对于那些你认为糟糕、错误或不利于自己的选择，尤其有效。这些选择可能让你觉得自己不够好、不值得被爱，甚至感到无法原谅自己。正如我的一位心理学家朋友杰米·温斯坦所说："拥有一个快乐的童年永远不晚！"

重塑练习的真正意义在于，它能帮助你从"半空"视角转变为"半满"心态。这样，你便能够从因做出错误决定或行为而产生的内疚、悔恨和自责中解脱出来，进而学会肯定自己，因为你本来就已经是个好人。然而，这个理念对于丽莎来说十分难以理解，以至于她情绪激烈地提出反驳，认为这与她从小所接受的教育相悖。她坚持认为，如果在犯错后不认真反思，不采取正确的态度去对待错误，从中汲取教训，自己很可能会重蹈覆辙。我意识到，若不从根本上帮她解决这一认知障碍，她将一直难以接受这一概念。于是，我决定给她上一课，讲解如何激励自己与他人。激励的方式有很多，接下来我将分享几种不同的方法。

#11　恐惧式激励

恐惧式激励是一种“施压”的方法，通过胁迫、威胁以及利用人对负面后果的恐惧，来促使自己或他人达成目标。这种激励方式往往伴随着权力斗争，其结果通常是被动地服从。人在害怕可能受到惩罚的想法的驱使下，选择顺从管理者的要求，而非因为真正的意愿或动力。这类激励常被称为剥夺式激励、恐惧式激励或后果激励。常见的表达方式包括：“如果你不做，我就……”“你最好照做，否则……”以及“如果你想要做成某事，你必须……”。尽管这种方法可能在短期内有效，但它驱动的行为更多是人为了避免负面结果，而非发自内心的自愿行动。

#12　增强式激励

增强式激励基于增强理论，旨在通过奖励和积极反馈来鼓励他们所期望的行为。首先要了解目标对象的需求和偏好，然后向他们提供及时且有意义的反馈，激励他们追求自己的理想和愿望。当目标对象表现出你期望的行为时，运用可见的、积极的方式予以鼓励，从而强化这些行为。

例如，正面强化可以通过赞美或表扬来实现："做得好！继续保持！这正是我们希望看到的！"通过认可和奖励的方式，目标对象会更倾向于重复这种行为，因为他们感受到了被支持和肯定。

#13 自我管理

你可能会选择用威胁和苛责来"管理"自己（这听起来可能很熟悉）。在这种情况下，你的内心深处可能隐藏着一些默认的假设，比如认为自己懒惰、不愿主动工作，甚至需要外界的劝说、胁迫或强制才能完成任务。这种看法将你置于一个挑剔家长的位置，不断批评和"管教"那个像顽皮孩子般的自己——一个试图逃避责任或行为出格的孩子。然而，这种管理方式实际上是一项耗时耗力的"全职工作"。

回顾你的行为，你会发现，激励、管教、抱怨、刻薄，甚至预测失败的后果，这些手段似乎都在帮助你"管理"自己，但却耗费了你大量时间和精力。事实上，这些做法在无意中实践了强化理论，只不过方向是反的——它们将注意力集中在消极的一面，从而不断强化你的负面行为。就像一束"生长聚光灯"，你所关注的东西会被不断放大，直至最终凌驾于生活的其他方面，变得难以控制。

与其继续无意识地强化消极的一面，不如主动掌控局面，有意识地选择将精力投入那些能带来正面价值的行为中。通过聚焦于人生中值得发扬光大的积极方面，你可以有目的地设计自己的行为，并将这些正面的信念和信息传递给你的潜意识。这样，你不仅能摆脱无效的内耗，还能创造一个更有意义、更丰盈的人生。

#14　通过选择激发动力

通过选择来激发动力是一种创新且温和的方法。选择的核心在于审视所有可选方案，自主决定你真正想要的方向。为了实现这种自我管理，你需要高度的专注和觉察力。将你想要的愿景摆在自己面前，并通过强化积极因素而非试图逃避消极因素的方式来推动自己前进。

这种方法温柔且充满关怀，能够帮助你与自己建立更健康的关系。你可以用鼓励和善意的方式与自己互动，使得这种自我管理方式成为一种令人愉悦的体验。通过这种积极的自我激励，你会发现自己越来越想接近那个充满动力和自信的自己，因为这种感觉充满了成长和可能性。

#15　愿景板

愿景板是用文字和图像描绘未来理想生活的视觉工具。通过将你的希望、梦想和目标集中在一个地方，愿景板帮助你清晰地刻画并强化你心中的愿景。制作愿景板的步骤如下：

首先，安排一天时间专注于创建你的愿景板。再在互联网上搜索想打印在愿景板上的图片，也可利用AI创建图画。然后，再找出你想在愿景板上重点突出的词语，以强化你的心理。

然后再使用剪刀、胶水、记号笔和纸张，将图片和文字粘贴到一块大泡沫板上。没有“正确”的方式，你可以尽情发挥创意，创建过程怎么做都是对的。

完成后，把愿景板放在你经常能看到的地方，不断强化这些正向图片对你潜意识的影响。你可以根据自己的喜好制作多个愿景板，并将它们放置在醒目的位置。这是你刻意的训练，把你期待实现的文字和图像放在你面前，每天都能看到、想到，激励自己不断地向目标迈进。

这是高效的方法，曾经帮助过数百万人，相信对你也会有用！

#16 找到激励你的内在动力

仔细审视自己内心的各种感受。

(1) 审视内心需求：确定你真正渴望的是什么。不要局限于小我、兴趣或你内心的简单声音，而要更多地去探索本质的我是谁以及人生愿景。

（2）允许自己开启更多的秘密愿望、希望和梦想。

（3）保持理想，坚信自己可以真正实现理想。

（4）持续用善意和鼓励的话语支持自己。

（5）认可自己朝着理想的方向所取得的每一个小小进步。

（6）念念不忘，必有回响。

（7）坚韧不拔——相信自己，相信梦想。

（8）组织一个支持你的啦啦队，在你气馁时为你加油鼓劲。

（9）每当实现目标时，记得一定要庆祝。

#17 打击计分器：重新定义你的关注点

你的脑海中有一个属于自己的“掌声计分器”或“打击计分器”。它是为你鼓掌还是打击你，完全取决于你自己。这个计分器无法分辨正面和负面的关注，它只记录音量的大小。音量越大，计分器的数值就越高，但它无法区分音量的质量。如果你想聚焦自己的正面印记，就要让天平向有利于自己的方向倾斜。阅读以下例子，看看是否能引起你的共鸣。

例 1：你铺好了床。掌声计分器显示：0 分。因为头脑中的解说词是：“没什么大不了的。你就应该整理自己的床铺。不得分！”

例 2：你完成了一个项目，向选民寄出了 25 封信。掌声计分器显示：0 分。这一次头脑中的解说词是："到时间了！你两周前就该完成这个项目了。你终于完成了！"

例 3：你完成了一项一直悬而未决的研究。掌声计分器显示：0 分。头脑中的解说词是："现在你可以写那篇拖了很久的论文了，想想看，当你完成这篇论文时，还有其他 10 个项目等着你呢！"

我这里用 0 分也许是夸张了一些，你可能比看起来更积极。也许你会给自己打 10 分，也许 25 分，甚至 37 分。只有当你给自己以上的每一项的打分都超过 50 分时，才能表明你已经做得相当不错了。任何一个小成就都值得为自己"鼓掌"。现在，让我们稍微改变一下情境。

例 4：你把卧室弄得一团糟，床没收拾，衣服到处都是，文件和杂志散落在梳妆台上。掌声计分器显示：25 分。头脑中的解说词是："看看这一团糟！你真是个邋遢鬼！你什么都找不到，看看这个猪窝！"

例 5：一个月过去了，你成功寄出了 25 封信中的 2 封。掌声计分器显示：45 分。头脑中的解说词是："真不敢相信，你只寄出 2 封破信。这又不是什么大事！你为什么要把它搞成一个大项目？你真是没救了！"

例 6：你的研究项目已经拖延了三个月，但仍然没有结束的迹象。截止日期已过，你的老板每天都在追问项目进度。你也非常焦虑、内疚、恐惧、担心和恐慌，却没有一个确保完成项目的行动计划。这时，你的掌声计分器显示：85 分。这时头脑会说："你根本不该同意做这项研究。你讨厌研究。你早就知道自己永远不可能完成它。你为什么要接下一个你根本完不成的任务？真愚蠢！你总是为了取悦别人而答应对方所有的请求，现在你被困住了，毫无退路。每个人都会发现你不知所措，看上去像个傻子。所有人都会讨厌你，因为你让他们失望了。你总是搞砸一切。天哪！你这样到底能学到什么？"

让我们再看一个例子，以充分理解这一点。

例 7：你下车后，发现自己把钥匙落在了车上……还插在锁孔里，车没有熄火！掌声计分器的显示是：100 分！你的内心此时有个激烈的声音说道："你可真够笨的！你到底在想什么？车子居然还在点着火！你怎么能这么粗心大意？"

你有没有注意到自己是如何"管理"自己的？当你做出积极、有价值的行为时，你只是轻描淡写地回应，似乎一切都理所当然，根本不值得特别关注。如果某个行为看起来是预期之中的，你甚至会觉得根本不需要承认或表扬自己。

而当你表现出某些不受欢迎的行为时，你就会变成一个严苛的监工，不断地批评、挑剔、指责甚至贬低自己。这时，你的“掌声 / 打击计分器”会放大音量，把这种负面关注传递给你的大脑，形成一种强烈的信号：“继续这样做！”内心的计分器不会区分正面或负面的注意力，它只会记录关注的强度。音量越高，它的影响力就越强。每当你对某个问题爆发强烈的情绪时，这种情绪会在你的潜意识中留下印记，甚至强化这种行为。你的大脑可能会形成一种误导性的自我暗示：“这种行为是重要的，因为它得到了很多关注。所以，多做这种事情吧！”

结果是你给自己设定了一种扭曲的内心机制。当你表现出色时，你对得到的正面反馈进行忽略、轻视，感觉不真实、不重要。而当你收到负面反馈时，却会对其照单全收，从而感到受伤、自卑，并陷入防御心理。

要想打破这种模式，你需要采取一种不同寻常的方式。学会大方地赞美自己，无论成就多么微小，都要给自己充分的认可。同时，尽量淡化对不良行为的注意力。换句话说，要有意识地把注意力的天平倾向于自己的积极表现。对于需要改进的地方，要理性对待、及时调整，但不要让它占据太多的心理空间，也不要过度强调。这样，你才能逐渐改变自己的内在管理方式，让积极的行为成为主导力量。

#18 “嗯……”好奇地发问

“嗯……我好像一直在抗拒写那本新书，这是不是挺有意思的？我很好奇，自己为什么会这样？我能从这种抗拒中学到什么？我要怎样调整自己的行为？为了开始动笔，我需要做些什么？从长远来看，我需要做出哪些改变，才能更好地应对类似的情况？还有，我发现自己没有兑现承诺去锻炼身体。这种抗拒背后是否有值得学习的地方？”

与其为自己或当下的情况感到焦虑或不安，我更愿意从中获得一些启发，帮助自己在未来的类似情境中表现得更好。我们来仔细分析一下这个问题吧。

最开始，我其实是想完成这个项目的，但它的优先级总是被排在其他更紧急的事情后面，多次被推迟，迟迟没有落实。我需要在日程表或日历中明确规划时间，专门留出时间来完成这项工作。

其次，这个项目需要处理大量数据，复杂烦琐，让我感到难以应对。我要把这个任务分解成一个个小的、易于完成的单元，并把它们安排到我可用的时间段里。

现在，我决定立即采取行动，从这两点入手：明确时间安排和任务分解。

从自己的行为中学习与责备自己没有做好某件事是截然不同的两种思维模式。你只需要强化那些能推动你朝着目标方向前进的行为。对于不理想的低效行为，要注意到它们的存在，制订替代方案，不必纠结或者自责。

#19　自我信任

你对自己的感觉如何？当你自我贬低时，你就在自己与内在本我之间打入了一个楔子。这会让你变得“分裂”而不是“合一”。如果你的头脑中经常出现自我对话，这就是你正处于分裂状态的表现。如果你处于“合一”的状态，你的内心会感到平静与和谐。

每当你责备自己一次，对自己的信任就会削弱一次。你的本我像一个受虐的孩子，变得胆怯，不敢做出选择或决定，因为无论你选择什么，都会受到责备。为了培养自信，你首先需要停止自责。

你无法一边责备自己，一边又信任自己。信任与恐惧是完全对立的，它们不能同时存在于你的内心世界。

如果不信任自己，那么你就不可能对自己的观点感到自信，对自己的感受感到自在，对自己的选择感到坚定。优柔寡断的人，就会向别人寻求建议和意见，因为你不信任自己。当别人给出建议时，你仍然无法确定对错。反复犹豫之后，即便最后做出了决定，你也难以确信自己是否做出了正确的选择。

学会自我肯定，这是一种肯定自己积极一面的方式。庆祝生活中的小胜利，把每个小成就、行为上的突破，甚至微小的奇迹都当成大事来庆贺。

（1）收集自我信任的证据。

（2）支持自己之前做出的所有决定，不纠结过去。

（3）提升做下一次决策的信心。

（4）每次做出选择时，关注行动的正确性，并强化这种认识。

#20 当你让自己失望时

信任是一种脆弱的品质，可以被培养，也可以被摧毁。信任来源于言行一致。当你对自己承诺要做某件事却没有遵守时，你的自我信任度就会下降。每一次违背承诺，都会进一步削弱你对自己的信任。

例如，假设你怀着最美好的愿望说："我要每天早上起床去健身房锻炼。"然后第二天早上醒来，你觉得累了，就说："我太累了。我晚点再锻炼。"到了"晚点"，你还是不去健身房，但这次你说："我明天早上再去。"当明天早上来临时，你会想："我有太多事情要做。我周末再去吧"。以此类推。等到第四次你说你会去健身房，你对自己的回答可能是："你每次都说要去。而最终你是不会去健身房的。你会像平时一样睡懒觉。你以为你在骗谁呢？"

这种行为会逐渐削弱你的自我信任。你在"说话不算数"的天平上加了一块又一块石头。下一次，当你承诺某件事情时，内心会感到不自信，因为你没有建立起可信的言行记录，而这种失信行为也为自我怀疑埋下了伏笔。

不过，这种情况还是有办法应对的。解决之道并非一蹴而就，因为削弱自我信任需要时间，而重建自我信任的过程也是如此，必须一步一步来。每次你选择对自己做出承诺时，都要仔细看看自己是否能信守承诺。先从你知道自己能做到的小承诺开始。承诺刷牙，那就去刷；承诺给一个特定的人打电话，然后就去打。从小任务开始，一步一个脚印。专注于重建自我信任的过程，重在执行，而不是例行公事。

⋆ ⋆ ⋆

玛丽经常违背自己的承诺。比如，她曾承诺再也不吃糖了，但下一次外出用餐，当服务员端上甜点盘时，她很快就屈服了，并在事后陷入强烈的自我责备中。我指出，她实际上是在给自己设置“失败的陷阱”。

为了帮助玛丽更有效地改变自己的行为，我建议她不要一开始就承诺“永远”不吃糖，而是从短期承诺开始。例如，她可以先承诺“今晚不吃糖”，然后第二天再决定是否继续信守承诺。

问题在于，玛丽无法真正理解“永远”这个词带来的约束感。她常常用自己的逻辑给失败找理由：“如果我要承诺余生都不吃糖了，那今晚破例一次也无妨吧。”这种思维让她一次次违背自己的承诺。

通过把长期目标分解为短期行动，玛丽可以逐渐培养自我信任，不再轻易被失败的循环困住。这种方法不仅更加实际，也更容易坚持。

#21 少承诺，多兑现

不要轻易做出你可能无法遵守的承诺。如果你能够百分之百确保兑现承诺，那就去承诺，否则就不要轻易许诺。当你完成了一个承诺时，要及时肯定自己，因为这不仅是兑现诺言的体现，也是在重建自我信任。

如果你觉得自己无法信守承诺，那就不要做出承诺。与其许下太多难以实现的承诺而让自我信任受损，不如少许诺，而一旦许下诺言，就要每一个都坚守到底。

请记住，自我信任是一种非常脆弱的品质。它容易被打破，却需要极大的努力和耐心才能修复。所以，珍视你的承诺，让每一个承诺都能成为提升自我信任的契机，而不是削弱自我信任。

#22 列出荣耀榜单

你还可以通过另一个练习来加强自信：在纸上，或者在你的日记里，列一个“我的荣耀榜单”。每当你感到自我怀疑或恐惧时，就来翻翻这份荣耀榜单，重温自己的高光时刻，它包括：你言出必行的时候，你成功实现目标的时候，你获得认可和荣耀的时候，你言行一致让人信赖的时候，你不负众望的时候。自信来自对自己言出必行的信念。要建立自我信任，你就要相信自己所说的话，觉得自己的话是金玉良言。你需要知道，任何时候、任何情况下，你都是自己的坚强后盾。你从心底里相信自己是靠得住的。

23　立志做最好的自己

如何管理自己，完全取决于你的选择。你可以延续过去的行为方式，用威胁、强迫和恐惧来苛责自己，也可以选择更积极的途径，采取行动激励自己，努力成为最好的自己。这种激励不是因为害怕后果、屈从于外界压力，也不是因为要避免惩罚，而是源自对成长和自我完善的渴望。

新的管理方式基于一个前提——你是有价值的，只要找到适合自己的激励条件，你就有能力、有意愿并渴望做出贡献。

- 选择你想要强化的行为，比如干净、整洁、高效、准时、负责、体贴、注意细节、比计划时间提前完成工作等。
- 将这些行为的词语写在纸上或电脑上，然后，当你表现出这些行为时，给自己设定适当的积极反馈。

• 与自己约定，当你没有达到预期时，不要苛责自己。用“嗯嗯，我没有做到，这不是很有趣吗？”这样的语气去面对事实，而不是进行自我评判。

•“嗯嗯”是一种中性的语气表达，而非左脑进行逻辑分析的思维模式。这种语气能激发右脑的感知力，让你更轻松地注意到问题，并尝试改进，而不是把问题放大，甚至强化自己的消极行为。

#24 宽恕信

这个练习适合那些已经准备好治愈过去的人，但不适用于那些仍深陷怨恨、创伤或严重伤害的人，因为后者需要更深入的治疗和帮助。你自己或你的客户都可以进行这项练习，它是一件可以帮助人摆脱内疚的强大工具。

宽恕是一件非常强大的工具。当你陷入内心挣扎，感受到自己与内心之间的距离时，就是该做出补偿的时候了。你有力量和能力为自己开脱所犯下的错误。给自己出具一份正式的文件，让自己从内疚中解脱出来，你就可以修复任何伤害。

找一个安静的环境，确保你不会被打扰，带上你的笔记本电脑、平板电脑或纸笔，给自己留出足够的时间撰写一封宽恕信，内容如下：

亲爱的________，

在（　　）年（　）月（　）日，我正式赦免和宽恕你的以下过错：（列出让你感到愧疚或悔恨的每一个想法、行动和行为。）

信的结尾可以这样写：

我赦免和宽恕你上述所有行为。从今天起，这些问题将从你的记录中一笔勾销，再也不会被用来对付你。从今天起，你就是一个清白的人，没有任何对你不利的错误或过失。你是一个自由的人，没有内疚和自责。以一个自由人的身份生活，以尊重、自尊和积极的态度对待自己和他人。

祝贺你！

最后，在信上签名并注明日期。

用清晰而坚定的声音大声朗读这封信，将这些宽恕的言语植入内心。接着，你可以选择将这封信烧掉，或者将它裱起来留作纪念。这么做的关键是通过一种具有仪式感的行为，来庆祝这次解脱和自我疗愈的过程。

#25　自我宣言

维琴尼亚·萨提亚（Virginia Satir）是 20 世纪最伟大的

家庭治疗师之一，我有幸亲历了她的培训工作坊。其中她使用的一个令人印象深刻的工具是个人“权利法案”，也就是你与生俱来的权利宣言。你可以复印这份清单，把它贴在浴室的镜子上，每天刷牙的时候读给自己听。洗漱完毕后，你再用更大的音量大声地朗读它。随着声音变得更加坚定，你会逐渐感受到自己内心的力量。刚开始时，你可能会觉得自己很傻或很尴尬。你可能会听到内心的声音说：“这不是事实。”你只需要持之以恒，坚持做下去。如果你不间断地做下去，六周内你就会惊讶地发现自己的变化。

这份清单不仅是一种自我宣告，更是一种力量的来源。它能帮助你重新认识自己、接纳自己，与自己的内心建立更加深厚的联系。试一试，你可能会爱上这种练习！

#26 维琴尼亚·萨提亚的“权利法案”

以下是你的个人“权利法案”，这份法案旨在帮助你接纳真实的自己，无须为此道歉。

（1）别人不喜欢我的行为、言语、思想或感受，我不必因此而感到内疚。

（2）我可以感到愤怒，并以负责任的方式表达愤怒。

（3）我不必为自己的决定承担全部责任，特别是在其他人也需要参与决策时。

（4）我有权说“我不明白”，而不会觉得自己愚蠢或感到内疚。

（5）我有权说“我不知道”。

（6）我有权说“不”，并且不会感到内疚。

（7）当我说“不”时，我不需要为此道歉或给出理由。

（8）我有权要求别人为我做事。

（9）我有权拒绝别人对我提出的要求。

（10）当我认为他人在操纵我或对我不公平时，我有权表达不满。

（11）我有权拒绝承担额外的责任，并且不会感到内疚。

（12）当别人的行为惹恼我时，我有权告诉他们。

（13）我不必为了迎合别人而牺牲自己的诚信。

（14）我有权犯错并为错误负责。我有权不用每件事都做对。

（15）我不必为了赢得所有人的喜欢、钦佩或尊重而改变自己。

这份权利宣言旨在提醒你，你有权利做自己，无须为此感到抱歉。无论外界的期待或评价如何，真实地表达自己，尊重自己的感受与选择，是你与生俱来的权利。

#27 仪式化

焚烧、装裱、展览和庆祝，都是仪式感的不同表现形式。这些仪式感通过在大脑中留下深刻的体验烙印，能让你真正感知并记住一个重要的事件。仅仅在概念上理解信息，并不足以让你完全体验到它的意义。很多时候，你需要将事件“戏剧化”或“仪式化”，以加强它对你的影响力。

我们举行成人礼、婚礼、葬礼等仪式，是为了将这些重要事件赋予特殊的意义，使我们意识到生命中发生了重大变化。这种形式能够深刻影响我们对现实的内在感知。无论是出生、进入青春期、结婚、生子、周年纪念、创业、获奖、庆祝取得某项突破，还是生日与葬礼，这些仪式都能帮助我们在脑海中牢牢记住这些重要时刻，因为它们标志着生命中的重要转折点。

如果没有仪式感，你可能只是在理智层面知道某些事情发生了变化，却无法在身体和情感层面真正感受到它。想一想你错过的那些仪式，比如毕业典礼、重要的生日或好友的葬礼。缺少这些仪式，可能会让你感到事情似乎没有发生，或者你还没有完全接受这些变化。

仪式化的目的是让事件的真实性在更深的层次上被感知，从而使其更鲜活和真实。仪式不仅是一种纪念，更是一种让你与事件连接的方式，它会成为你人生经历中不可分割的一部分。

#28 心灵对话，摆脱迷茫

你有没有注意到，有些时候你会拿不定主意：我应该躺在床上，还是去慢跑？我应该接受新的工作邀请，还是留在原地？我应该留着旧车，还是买辆新车？我应该和乔治约会，还是和大卫约会？

要是你犹豫不决，表明如果你做出了错误的选择，就会产生某种心理上的后果。让我们以决定买新车还是保留旧车为例。乔治就在我的办公室里经历了这个过程。

“我拿不定主意。我应该卖掉我的旧车，去买或租一辆新车，还是留下旧车？”

我问了他此事的利弊。

他说：“我觉得我应该买一辆新车，因为我的车已经用了四年了，现在的转售价是最高的；但另一方面新车真的很贵。如果我卖掉我的车，就可以避免随着车龄增加而出现的维修问题。但话说回来，我的车才跑了 43 000 英里[1]，对于四年车龄的车来说，状态已经算很好的了。

我也觉得拥有一辆新车会很有趣，但我真的不需要。我最近刚换了一个新离合器，敞篷车顶也出了机械故障，但另一方面想到这些都是小问题，而且我过去真的没怎么用过这辆车。一辆新车可以免除我对保养和维修的所有担忧，但如果我买到

[1] 1 英里约为 1.61 公里。43 000 英里约合 70 000 公里。——编者注

一辆问题车，那就太糟糕了！”

他一直说个不停，直到我问：“那么你到底想要什么？"

“我不知道！”乔治回答道。

我对他说：“听起来，无论你做了什么选择，对你来说都像是个错误的决定。如果你选错了，就像有一把断头台的刀刃悬在你的头顶上，随时会落下来砍掉你的脑袋。”

“完全正确，所以几周来我一直无法下定决心。”

我告诉他，我想教他一种叫作“心灵对话”的技巧。

心灵对话是一种与内在心灵沟通的过程，目的是让头脑中的各种声音安静下来，帮助你清晰地做出选择。

心灵对话是这样进行的：随意选择争论中的其中一方，支持它，哪一方并不重要，无论是“赞成方”还是“反对方”，你只需要完全同意它的观点。

重复几次后，再反过来支持另一方，也完全认同它的观点。你要把双方分开，因为来回打乒乓球似的争论只会火上浇油，让你举棋不定。

通过这样来回几次后，头脑中的争论声音就会逐渐平息。这时你可以问自己：“我真正想要什么？”

这个练习的目的是让头脑中的噪声平息，帮助你摆脱“另一方面”的干扰，专注于自己的内心需求。当争论的声音停下来后，你可以调动自己的直觉，倾听内心深处的答案。

以之前的例子为例，你可以选择“我想买一辆新车”这一部分，专注于支持这一想法，忘掉所有“另一方面”的顾虑和争论。这样，通过安静的内心对话，你将更接近真正的答案，找到自己最想要的选择。

心灵对话练习

你说：“我觉得我应该买一辆新车，因为我的车已经开了四年了，在这个时候我可以获得最高的转售价值。”

我接着说：“是的，你也许应该换一辆新车。”

你说：“如果我卖掉我的车，我就可以避免汽车老化后出现的维修问题。”

我说：“没错。”

你说：“我觉得买辆新车会很有趣。”

我说：“会的。”

你说：“有了新车就不用担心保养和维修了。”

我说：“嗯哼，当然了。”等等。

* * *

“你怎么了？”我问乔治。

他说：“我的内心变平静了。但这是我的选择吗？”

“不，”我回答道，“你只是迈出了第一步，那就是让内心的声音安静下来。这不是最终的结果，最终的结果是做出了一个你觉得正确的选择。”

“如果我们调换一下角色，我选择另一方，保住我的旧车，然后会怎样呢？”乔治问。

我说：“让我们试试看会发生什么。你先来。”

乔治说：“我的车只跑了43 000英里，对于一辆四年车龄的车来说已经很不错了。”

我说：“没错。”

他说：“我真的不需要新车。”

“是的，你不需要。”我评论道。

“如果我买到了车况不好的车怎么办！”他惊呼道。

我说：“你知道，这种情况是可能发生的。”

“我的车过去没有出过问题。”乔治说。

“确实没有。”我评论道。

……

“你注意到什么了，乔治？”我问道。

“声音停止了，就像上次一样。”

“现在，仔细听我问这个问题：你是想留着你现在的车，还是想买一辆新车？”

他立即回答：“买一辆新车，就这么简单。这很清楚。我要一辆新车！”他很高兴问题得到了解决，可以继续做别的事情了。

#29　摆脱困境的步骤

要解决头脑中不同声音对话的问题，请遵循以下步骤。

（1）找出两个对立的问题。

（2）写下来或对着手机录音说出内心争论的内容。

（3）任意选择其中一方开始对话。

（4）以书面或口头形式进行对话，但一次只谈一个观点，而且一次只以一方的逻辑和理由陈述。

（5）同意你所表达的所有观点，并给予充分的认同。

（6）当你感觉内心的声音逐渐平静下来时，问自己："我真正想要什么？"

（7）用心倾听答案并将其写下来。

（8）如果你对答案存疑，可以用反方的逻辑再进行一次对话，并将二者进行对比。

（9）如果没有得到答案，再做一次，直到得到答案为止。

（10）认可自己的直觉和判断，相信自己的选择！这个方法非常有效。

#30　写日记

另一个非常有效的技巧是写日记，尤其是当你一个人的时候。当你与心爱的人发生争执而又没有其他人可以倾诉时，或者当你在旅行中独自思考时，又或者当你想为自己的心理健康把把关时，写日记是一种极佳的方式。它能帮助你进行自我调节，理清内心思绪，并以一种特殊的方式与自己“交流”。

埃里克就是一个典型的例子，写日记对他来说非常有效。

忧心忡忡的埃里克坐在我办公室的扶手椅上。他正在讲述他和桑迪关系的最新进展。他说：“表面上看，我们之间似乎一切正常。”

埃里克最初来找我是为了处理和他业务有关的问题。然而在我们明确了教练工作的目标后不久，他发现自己在业务和个人关系上都有类似的问题。他说：“我不知道该怎么办，但我似乎完全与自己的感觉脱节了。每次桑迪问我感觉如何时，我总是不自觉地回答我在想什么，却完全意识不到自己的感受。她指出了这一点，她是对的。我该怎么做才能开始感受并注意到自己的情绪呢？你能帮我解决这个难题吗？”

我建议埃里克开始写日记。他好奇地问我这对他能有什么帮助。

我告诉他写日记是一种记录内心想法的方式，可以帮助他探究冰山以下的自己——那些深埋在潜意识里的情感与感受。通过这种练习，他可以慢慢学会注意到自己的情绪，连接内心的真实世界。

“你可以把日记当作一根魔杖，用来寻找你的真实感受。”接着，我开始向他介绍写日记的一些主要目的和好处。

- 了解你的思想及其运作方式。
- 开始发掘你的感受并加以整理。
- 从客观的角度看待自己的内在心路历程。

当你把内心的想法和感受写在纸上时，它们便不再仅仅存在于你的脑海中，而是成为你可以观察和分析的对象。这种外化的过程会改变你对现实的看法。

写日记能够帮助你将自己与自己的思想、感受、观念和状态分离开来，形成一种更清晰、更健康的认知。日记是一个容纳心灵对话的容器，也是让你从新的不同的视角审视自己的镜子。通过记录和回顾，你会逐渐揭开隐藏在内心深处的模式和原因，比如态度的形成来自内在信念，行为的选择源于价值观。你还可以用日记记录自己的“高光时刻”，突出那些让你感到骄傲的成绩和成就，从而激励自己不断进步。

以下是一些写日记的技巧。

- 记录你的感受、反应和想法。关注你的内心体验。
- 尽你所能写出内心的真相。然后深入挖掘，看看是否存在更深层次的真相。你可以问自己这样的问题：①“真相是什么？”②“是否还有更深层次的东西？”

倾听自己的内心并记录下来所有的答案。用日记揭示内心深处的问题。这是一种宣泄和释放情绪的过程。

只要有可能，就尽量做到在内心有冲突时写日记。写下你所有的感受，并不断深入挖掘，看看其背后到底隐藏着什么。在你经历各种事件后，通常会产生一种强烈的表面情绪，你可以把日记作为一种工具，探索你的深入思考和表面情绪，看看后面到底是什么。通常，表面的愤怒可能会掩盖更深层次的情感，例如伤害、悲伤或失望。通过写日记，你可以一步步剖析情绪的来源，从而更好地理解自己。

当你感到不安却不知道原因时，写日记可以帮助你外化这些感觉。不要担心日记内容是否有意义或是否要对其负责任，只需写下你观察到的、思考到的、感觉到的、感知到的或判断到的所有东西。

不用在乎标点符号、语法、句法和拼写。除了你自己，没有人会读你的日记，所以要实事求是。确保日记清晰易读，以便于日后阅读，但不要篡改、矫饰、删节或隐瞒。

让日记成为你的安全港湾。你可以记录下自己最隐秘的期待、恐惧、愿望、希望和梦想。这些只有你自己知道。你可以扩展你的幻想、恐惧或乐趣。你可以讲述你的愿景、计划、伤痛和欢乐。让日记成为你倾诉的树洞。

把你的日记本用起来。每天留出专门的时间写日记，或者随身携带日记本，随时书写。如果你无话可说，就写下你无话可说，但不要不写。对自己做出要做好这件事的承诺，并坚持到底。

#31　呵护

一位非常聪明、充满爱心的出版业高管吉米陷入了进退两难的境地。在一个阳光明媚的早晨，吉米对我说：“我爱我的工作，我爱我的妻子，我爱我的孩子，但我真的不知道我是否喜欢我自己。”

我问他是什么让他产生了这样的怀疑。

他说：“我愿意为他们做任何事。”

我让他说得具体一点。

他继续说道：“我每天都会给我的妻子打电话，有时一天两次，有时只是简单地告诉她我爱她。我每周会给她买一次花。我在家里的冰箱门上、汽车座椅上给她留纸条，写着‘我想你’之类的话。我还确保每周至少有一个晚上是属于我们自己的约会之夜，我们为彼此精心打扮，出去吃饭，有时还去跳舞。我们把孩子留在家里，享受一个浪漫的夜晚，互相表达爱意。”

我说：“这听起来太美好了，我都要嫉妒了，她是个非常幸运的女人。那么孩子们呢？”

“哦，也是一样的故事。我带他们去看球赛、电影，辅导他们做作业。今年夏天我还带他们去漂流。他们知道我爱他们，我也确实爱他们。”

我接着问他："你是用什么具体的行为或行动，向他们传达了这些信息？"

"我把他们放在首位。"他说道，"我花时间陪他们。我聆听他们的问题。我真正关心他们。最重要的一点是，我愿意为他们花钱。"

"真的吗？"我说，"通过时间、精力和金钱的分配，你向你的妻子和孩子表明，他们对你很重要？"

"没错！"他说。

"现在，"我说，"让我们来谈谈你与自己的关系。你如何向自己证明你关心自己？"

他想了几分钟才回答道："没有，绝对没有！"

我说："你肯定做了什么。想想看。也许是运动？"

他回答道："哦，当然，我会锻炼身体，但那是为了保持体形。我这样做是为了健康。"

我说："你的仪表很得体。你对自己的仪表是怎么保养的呢？"

他反问道："我这么做是因为这是我职业形象的一部分。为了工作，我必须这样做。"

听到他的回答后，我开始向吉米解释，其实他的许多行为如果换一种方式去理解，都可以看作是他对自己的关心，而不仅仅是出于责任或义务。"我希望你能把与妻子的关系当作一个样板，来学习如何与自己相处。就像送她鲜花、给她留纸条或计划晚上外出一样，你很清楚该怎么做才能让她感觉自己与众不同。你也知道怎样做才能让你的孩子感受到你的关心。”

我继续问道：“你喜欢做什么？什么能让你觉得自己与众不同？什么让你觉得自己有价值？什么事能让你觉得自己很特别？这份清单对于帮助你建立你所说的与自己的关系非常重要。你需要在行动中表现出对自己的关心和爱护，这样你才会有切身的感受。第一步是列出一个关爱清单，列出你可以为自己做的特别的事情。”

关心或关爱是一种特定的平衡方式，可以抵消你对自己习惯性的忽略。关心或关爱不仅仅是一个概念，更是一种实际的行动。你要主动向自己传递这样的信息：你关心自己，你愿意为自己付出时间、金钱和精力，因为你是重要的，你值得拥有美好的事物。

某些特别的质地、颜色、香味、声音和味道，能够触动你内心深处的那根弦，让你感到自己与众不同。这些元素对你来说都是独一无二的，只要你愿意去留心，不费吹灰之力就能意识到它们是什么。

你可以事先列出一个清单，当你想不出该怎么做来宠爱自己的时候，就可以随时参照。

下面是一些关爱自己的方式。

- 去海滩上散步。

- 欣赏日落。
- 睡懒觉。
- 在床上吃早餐。
- 写日记。
- 慢跑。
- 泡泡浴。
- 按摩。
- 与宠物玩耍。
- 外出就餐。
- 看电影。
- 做最喜欢的运动。
- 跳舞。
- 画画。

列出一份属于你的“关爱”清单，其中包含那些能让你感到特别、重要和值得被珍视的活动。这些活动能用一种超越语言的方式，对自己说：

“你很特别。”

“我喜欢你。”

“你对我很重要。”

“你值得被这样对待。”

这份清单能够帮助你通过实际行动展现对自己的关爱。当你用心去感受这些关爱时，你会惊喜地发现，自己仿佛被一个用各种方式对你说“我爱你”的爱人宠溺着。这种方式独特而有力量，但需要注意避免以下两个误区。

第一个误区是以机械的方式进行自我关爱，而不是赋予它仪式感。例如，你以一种漫不经心、无所谓的态度对自己说：“嗯，我想我应该去做个按摩了。”这原本可以是一种充满喜悦的体验，却被你当作一项例行任务来完成。

在这种情况下，你没有真正去体验收到礼物时的喜悦，也没有感受到身体的愉悦与放松。相反，你只是因为“知道自己应该关爱自己”而机械地去做，反而忽略了这一过程对精神的滋养与抚慰。

要避免这种误区，关键在于用心体验每一次关爱，让它真正成为一种滋养你身心的仪式，而不仅仅是完成任务式的行为。

第二个误区是避免“廉价快感”。“廉价快感”是指当你的头脑告诉你“你值得被关爱”时，你选择了一种表面看起来像是关爱，实则暗藏“自我打击”的行为。例如：

（1）节食时吃一个热软糖圣代：当下可能感到满足，但随后会伴随着内疚和懊悔。

（2）用付房租的钱买了一双新靴子：当时可能觉得自己被奖励了，但等到支付房租时却陷入了资金短缺的困境。

这些行为在当下或许能让你感到满足或快乐，但背后往往隐藏着一种“自我破坏”的方式。它们不仅无法真正滋养你的身心，反而会给你带来更大的压力和更多的负面情绪。

要真正实现自我关爱，需要选择那些能够长期滋养你的精神和身体的行为，而非追求短暂的刺激或表面上的满足感。

#32 期望与现实的差距

我和吉米讨论完之后，他感叹道：“我觉得我永远无法停止自责！也许，谢莉博士，我会成为你的第一个失败案例。毕竟，这种方法也不是万能的。总得有一个失败者，我想我就是了！”

“别急，吉米，”我回答道，“如果你甘愿成为一个例外，那我也没办法，只能按你说的办。不过，如果你愿意再试一次，我们可以换一种策略。你觉得怎么样？”

“我表示怀疑，”他说，“但我愿意试试，所以我们就开始吧。”

“有些人对自己真的很苛刻。”我说，“他们残忍对待自己的方式，就是设定那些根本无法实现的目标，然后在目标无法达成时嘲笑自己说‘我早就告诉过你！’更糟糕的是，这些目标常常纠缠混乱，变成一种无处不在的期望标准，即被认为是‘我应该成为的样子’。这种理想形象与他们现实的状态完全背道而驰。我刚好想到，吉米，你正是患上了这种自我批判症。”

消极成瘾者往往还会利用期望与现实情况之间的差异，作为自责和攻击自己的理由。观察图 7-1 所示的“期望 / 现实模型”，有两种方法可以消除自我抨击或自责的源头：

（1）调整现实以符合期望；

（2）调整期望以适应现实。

图 7-1　期望 / 现实模型

无论哪种情况，目标都是使期望与现实相吻合，从而消除内心挫折的根源。

当我向吉米解释这个方法时，他表示：“好吧，我能理解通过改变现实来满足期望，但如果你降低期望来迎合现实，那你永远不会挑战自己，也不会追求卓越。”

“恰恰相反，”我回答道，“一旦你让期望与现实匹配，你可以将期望提高到任何你想要的高度，只要你不再把两者之间的差距当作打击自己的理由。它可以成为你的拉伸区（stretch zone），但绝不能成为攻击自己的武器。例如，想减重 10 磅是个很好的目标，但你不能把它当成一根用来责骂自己的棍棒。”

吉米听懂了这个概念，于是我们开始深入分析他在不同领域可能被自责打击的地方。他写下了自己所有的目标，涵盖身体、职业、家庭、爱好、房子、闲暇时间以及他的秘密愿望。

然后，我们分析了实现这些目标所需要的时间。再然后，我问他哪些目标需要改变，以便有可能将他设定的期望（他的目标）与当前的现实相匹配。我提到，如果两者之间的差距过大，就会出现很大的落差。他的思维会抓住这个“落差”来否定自己的进步。我们的目标是设置一个可以取得胜利的游戏，通过合理设置目标，让吉米能感受到持续的成就感，而不会因为过高的期望和现实之间的差距不断自责。要消除任何让他打击自我和自责的空间。

另外一个故事是：还记得前面提到过的牧师的儿子山姆吗？他的故事正是期望 / 现实模型的一个典型案例。

山姆的家人对他的期望是：他作为牧师的儿子，应该拒绝一切世俗的享乐，追求苦修和自我牺牲。而现实的情况是，山姆渴望追求享乐主义和各种物质享受。期望与现实之间的差距成为击垮山姆的鸿沟。由于他无法达到父母对他的期望，他觉得自己不够好，也认为自己的需求无法被接受和认可。为了打破这种循环，他必须消除期望与现实的差距，将二者结合起来。

要么，他选择按照父母的期望生活，那么他需要放弃自己的愿望，努力让现实贴近父母的期望；要么，他选择按照自己的意愿生活，那么他就需要坚定地主张自己的权利，并放下任何负罪感。通过接受现实，重新定义期望，他可以让自己的选择与现实契合。但问题在于，山姆既无法满足父母的愿望，也无法满足自己的需求。他被困在了一个永远无法达成目标的困境中，在期望和现实的夹缝中徘徊。面对这两种矛盾，他只能：

- 寻找一种情绪调节剂来逃避现实；
- 或者让自己永久地陷入自责当中。

消极成瘾症正是这种被困在自责空间的表现之一。像山姆这样的人，一次又一次地被自己或外界告知，他们无法成为自己想成为的人，无法去做自己想做的事，无法拥有自己想要的生活。这种循环让他们深陷自我否定的泥潭，难以摆脱。

#33 打小丑沙袋的关系

成瘾的一种表现方式是在人际关系中体现出来的。拥有一个特别的朋友，与之分享特别的时刻，当然是件美好的事。然而，问题往往出在我们对这种关系的处理方式上。

有时，我们会把这个特别的人当作一个底座装满沙子的充气小丑沙袋。我们对沙袋打一拳，它弹回来，于是我们打得更狠。这种互动逐渐变成了一种“打小丑”的游戏。关系中的冲突反复出现，令人疲惫不堪。

当我们发现自己深陷这样的关系时，可能会意识到，这段关系本身已经是个“烂摊子”。它让我们感到痛苦、不满，但我们却似乎既无法放手，也无法真正改变现状。这种关系成了一种消极的成瘾，让人既依赖又痛苦。

如果你希望这段关系有所不同，那么改变必须从你开始。主动调整你的行为和态度，换句话说，就是首先去实现你想要的改变。

#34 人际关系中的镜像

只要你还没有接受自己独特的长处和短处，你就很难甚至不可能接受他人身上的这些差异。你所拒绝接受的那些部分，往往会被对方以 3D 及彩色放大的形式反射给你，就像你对着一面镜子。

事情是这样的：如果你无法忍受你的伴侣在看电视，可能是因为你从未允许自己真正去休闲放松。当你准备出门买菜时，你的伴侣却躺在一旁无所事事，这可能会激怒你。每当他人行为引发你的不快，往往也意味着这是一个珍贵的契机，可以引发你去探索与自我的关系。

当伴侣的行为让你产生强烈情绪时，你通常有以下两种应对方式。

（1）评判和批评对方的缺点。

（2）或者反观自己的内心，把对方的行为看作一面镜子，照见尚未被自己接纳的部分，发现自己的不足、孤独、害怕被抛弃或被禁锢的感觉。

#35 让人们做他们自己

你是否听自己说过“嗯，我希望他能长高一点”，或者“如果他更有爱心就好了”，或者“我希望她不要那么喜怒无常”，或者“如果她能理解我的压力和我的不易就好了”。人们很容易希望自己所拥有的一切与众不同。如果你有一辆奔驰Smart 汽车，你会希望它是一辆保时捷。如果你认识一个强壮有力的人，你会希望他敏感、开朗。如果你的伴侣风趣、俏皮，你会希望她更严肃、专注。希望伴侣的特质与众不同很容易，而具有挑战性的是让他们做他们自己。如果对方真实的样子不适合你，那就放过他们，选择放手，让他们去吧……不要让他们继续留在你身边，从而让他们不停犯错，因为他们有他们的天性。你无法改变他们。

#36 利用你的身体释放你的情感

想一想，你是否曾在积极锻炼身体时感到情绪低落、抑郁或沮丧？当你活力满满、动起来时，负面情绪很难侵占你的思想。如果你发现自己陷入沉思，变得情绪低落或封闭，那就做一些体力活动吧。

如果你穿着便装，就跑起来或跳起来。如果你穿着工作服，可以快步走或摆动手臂。如果你一个人在家，不妨放点音乐，在客厅里跳跳舞。不要纠结于找到最完美的活动，只要动起来就好，几秒钟后你就会感觉不一样了。

#37 让内在小孩出去玩

如果内在小孩对你说："那我呢？我从来不会把我的房间弄得一团糟。如果你从来不允许自己像一个孩子，可能需要考虑避免做以下这些事情。

（1）吃几口东西就把剩余的撂下。

（2）只吃饼干。

（3）只穿睡衣。

（4）无缘无故地盛装打扮。

（5）让房间凌乱不堪。

（6）不梳头发。

（7）跳舞或唱歌。

（8）无目的地画画、涂色。

（9）打牌、玩游戏或做拼图游戏……浪费时间！

当你感到生活变得过于严肃，或对自己要求过于苛刻时，问问自己：内在小孩是否感到被忽视、被压抑，变得很迷茫？

如果答案是肯定的，那就为你的内在小孩安排时间去“玩耍”。允许自己暂时摆脱责任与条条框框，像个无忧无虑的孩子一样，重新感受自由与快乐。

#38 保持幽默感

很多时候，你可能会对自己要求过高。你的生活似乎过于沉重和严肃。日常的烦恼和担忧可能会让你感到“压力山大”，甚至给你带来创伤。在这种情况下，学会放松对你会大有裨益。

试着从生活中找到一些幽默感，看看是否能暂时放下心中的包袱。打个电话给朋友，聊聊轻松有趣的话题，享受片刻的愉悦与放松。正如诺曼·考辛斯（Norman Cousins）所说：“笑是最伟大的治疗师。”

你可以寻找各种有创意的方式来激发你的笑点。无论是看一部喜剧电影、回忆某个让人开怀大笑的瞬间，还是尝试从事一些幽默的活动，都可以帮助你释放压力，让生活变得更加轻松与美好。

#39 善待自己，始终力挺自己的选择

由于旧模式或老习惯，你很容易重新陷入自我批评之中。一句不经意的评论都可能会让你反应过度，觉得自己又错了。

你不需要否定自己，也不需要否定任何人，无论发生什么，你都需要支持自己的选择。你需要理解、同情、温柔和支持，而这些当中，首先需要的是来自你自己的理解、同情、温柔和支持。在你证明了自己可以陪伴自己之后，你就可以让另一个人也陪伴你，从而反映出你与你自己之间和谐共处的关系。

这些日常的关爱方法是善待自己的重要途径。然而，同样重要的是，你还需要具备在紧急情况下善待自己、管理自己的能力。本书下一章将深入探讨危机中的自我管理，帮助你在压力下也能找到内心的平静与支持。

08

关键时刻的应急工具

应急措施

在生活中，我们可能会遇到一些让人感到沮丧和愤怒的消极攻击。面对这些情况，我们需要有一套应急措施来帮助自己走出困境。你已经掌握了日常维护的方法，严重的消极攻击是恶毒的、报复性的、毒辣的，它会摧毁你的自尊，你该如何应对呢？以下是一些实用的行动步骤，你可以在关键时刻将其作为应急工具清单。

应急工具清单！

当你面对突如其来的消极攻击时，可能会感到无从应对。这时候，如果你没有一个明确的应对方法，可能会不知不觉地陷入困境。因此，知道做什么和每一步的步骤，就好像我们跟随一个程序在运转，这会帮助到你。了解自己以及知道如何应对负面情绪是非常重要的。首先，你需要知道什么事情会让你停滞不前，什么又能激励你重新振作。只有这样，你才能找到适合自己的解决办法。以下是一些实用的工具和步骤，旨在帮助你在关键时刻调整心态，而不是日常维护。当你恐慌发作、遭到消极攻击，但尝试其他任何办法都无效时，请参考这份清单，它能帮助你走出困境，恢复平静。

#40　如何进行态度调整

有时候，我们可能会觉得自己脾气暴躁，这时就需要调整自己的态度。调整态度意味着要对自己的消极情绪和行为负责，并努力去改变它们。首先，你必须有改变态度的意愿。只要你愿意，以下是一些可以帮助你调整态度的方法。

- 用冷水泼脸：让自己清醒过来。
- 洗个澡或泡澡：放松身心，舒缓压力。
- 快步走：通过运动释放负能量。
- 跳上跳下：简单的动作能让你振奋。
- 听音乐：选择能打动你的歌曲，跟着节奏舞动。
- 躺下，抬高双腿：让血液倒流，人会更加清醒。
- 深呼吸：做几次深呼吸，帮助自己放松心情。
- 对着枕头尖叫：让情绪发泄出来。

• 拥抱你喜欢的人：温暖的拥抱能给你支持和安慰。

#41 创造性地利用恐慌

大多数成瘾者一想到“消极情绪攻击”就会感到恐慌。一想到自己受到负面情绪的影响，心里就会不安。面对这种情况，有一个方法很有效，那就是尝试去做与平常相反的事情。通常，当你感到消极攻击来临时，你会想要抵抗和躲避，但这种抵抗和躲避只会让你更紧张。

下一次，当你预感到消极攻击来袭时，不妨顺其自然，甚至可以把这种情绪表现出来。你可以在一个安全的环境中，尽情地表达自己的感受，甚至用动作和语言来戏剧化这个过程。找一个没有人评判你的地方，像家里或是某个安全的空间，尽情发泄、呼喊。你肯定不想在工作场所做这些，因为人们可能会认为你疯了。确保你能找到一个你认为安全的地方，在这里你可以尝试新的行为，探索不同以往的新的可能性。行动起来！这不是一个应对消极情绪攻击的答案，而是避免你万念俱灰或者愁肠百结的替代方法。

#42 消除恐慌发作

蒂娜必须搬家了。她的房东已经把房子卖掉了，搬家的日期也确定了。她早早就制订了搬家计划，安排得井井有条，但就在搬家前三天，她的准室友突然打电话告诉她不想合租了，希望蒂娜不要搬进去。蒂娜一下子慌了神，心里各种声音在呐喊：“你真傻！为什么要和她住？她根本不靠谱，你接下来该怎么办？现在你打算去哪儿？你没有备份计划。你打算怎么办？”

魔法仙女的工作

就在蒂娜感到无助的时候，她打电话给我，恳求我帮她理清思路：“你能做个魔法仙女，告诉我发生在我身上的一切是合理的吗？我现在真的很乱，感觉像魔鬼上身一样。”

我当然愿意帮忙。蒂娜需要的是一个新的视角。我让她意识到，虽然她觉得一切都搞砸了，但其实在搬进新地方之前了解到室友的真实感受是好事。这样一来，她就可以避免未来的麻烦。

我告诉她：“如果你现在不去了解情况，那么你可能要经历两次搬家的麻烦。”虽然蒂娜对朋友的突然决定感到失望和措手不及，但我鼓励她换个角度看待这个问题，以减少内心的焦虑。“想想，如果搬过去后才发现不合适，那情况只会更糟。”

蒂娜仍然担心自己无处可去，她说：“我即将流落街头，无处可去。”

我提醒她：“回想一下，你上次流落街头是什么时候？相信每件事都会好起来。把一切都交托给上帝。给你所有的朋友打电话，问问谁知道有什么地方可以让你住上一个月或更长时间，然后静观其变。”

对话一直进行着，直到蒂娜渐渐听清魔法仙女对她说的话，这时她的恐慌感也慢慢减轻了。

魔法仙女的作用是改变视角，关注生活中积极的一面。试着想想，生活中有没有人可以成为你的“魔法仙女”？当你感到恐慌时，可以向她们寻求帮助，就像发出信号弹一样，召唤魔法仙女来陪伴你。

#43 设计你的消防演习

你一定在学校参加过消防演习吧？这些演习的目的是让每个人在真正的火灾发生时知道该怎么做。通过演练，孩子们能在紧急情况下不假思索、镇定自若地按照程序行动。我记得在我上学时，当火警警报响起，我们会立刻放下手中的东西，排成一排，冷静地跟随队伍中前面的人的步伐，不是奔跑，而是尽可能迅速地移动。至今我还记得那种反应，听到警报就会像巴甫洛夫的狗一样，立刻做出反应。

对于消极成瘾者来说，消防演习尤其重要。当你收到危险信号时，能不假思索地按照计划行事是很有帮助的。你可以提前制订有针对性的应对方案，并反复练习，将其牢记于心，以应对紧急情况。这样，当警报响起时，你就会自动做出反应。

例如，如果你感觉到“消极倾向攻击”来袭，你可能会采取以下行动之一。

深呼吸。消极倾向发作的第一个迹象就是呼吸急促。深呼吸听起来似乎很简单，试着用横膈膜深吸三口气，能让你瞬间冷静下来，重新掌控自己的情绪。你可以在浴室镜子上、冰箱上、办公桌上方的墙上、汽车仪表盘上等不同的重要位置贴上标语，提醒自己停下来、深呼吸，从而让消极倾向的攻击停下来。

动起来。不妨绕着办公室、小区或者家里走一圈，或者原地跳上跳下。如果觉得跳得太猛，可以选择原地踏步。如果环境允许，甚至可以试着做一做倒立。运动对于摆脱头脑中的消极想法至关重要。毕竟，头脑就是消极倾向攻击的发起点。所以，从你的身体摆动开始，进而释放头脑中的紧张情绪。

进行镜前自我对话。试着对着镜子进行自我鼓励，或者用手机摄像头代替镜子。对着镜头提醒自己：“我们会一起渡过难关的！”这可以增强你的信心。

如果你喜欢把事情写下来，那么关键词可能是“平板电脑”或“Pad”。可以把所有想法都记录到平板电脑或便笺簿上。不要在意做这些是否合理，是否有条理。只需记录下你的所思所想。你可以稍后再看，现在只需把它从你的脑海中抹去。

如果你喜欢倾诉，那么你可能想联系朋友。联系有三种形式：面对面、电话和电脑。你可以找一个朋友，成为你的“消防演习伙伴”，在你感到消极情绪来袭时，及时向他 / 她求助。如果朋友不在身边，你可以考虑用手机录音，向他 / 她倾诉自己的感受。

正确操作

在设计你的消防演习时，要找到适合自己的方法。没有绝对正确的方法，只有适合你的方法，方法对你奏效即可。不要强迫自己去做那些让你感觉不自然或困难的演习。请记住，消防演习应该是自动的、轻松的和无意识的。消防演习的目的是让你在遇到潜在危险时，能够迅速而有效地作出反应，从而摆脱危险。这会是一个有趣的练习过程，尤其是综合考虑到自己的工作习惯和对你奏效的方式。

以下是设计有效消防演习的步骤。

列出情境：先想一想，哪些情况、什么人或环境最容易让你遭遇消极攻击。

识别“线索”：接着，列出一些“线索”，这些线索可以帮助你从消极情绪中抽离出来，提醒你是时候做一些不同的事情了。

选择线索和行动步骤：选择一个线索，然后写下四个你可以在接收到提示后立即采取行动的简单行动步骤。你的消防演习步骤必须简单好记，并且在你接到提示时能自动反应，帮助你摆脱潜在的危险。

* * *

奥利的恐慌反应非常强烈，他很害怕这种感觉。于是我和他一起设计了一个四步消防演习，让他在感到恐慌时可以使用。他告诉我，他的戒指对他意义重大，想把它融入这个演习中。我觉得这是个不错的主意，于是问他："你想怎么使用这枚戒指？"

他回答说，每当想到"戒指"这个词时，他就会用另一只手去触摸它。接着，他会深呼吸，最后说出自己的名字、日期、时间和所在地点，这样可以提醒自己是谁、在哪里。这个过程能够帮助他回到当下，从而决定自己是否要被情绪影响。

在消极情绪成瘾的早期阶段，学会应对这些情绪攻击非常重要。虽然随着时间的推移，这些攻击会逐渐减少，但在刚开始的时候，它们仍然是消极思维旧模式的一部分。

#44 认真过好每一天

"认真过好每一天"是美国戒酒中心的一句口号，这句话对任何有成瘾倾向的人来说都非常有价值。成瘾型人格倾向于把情况看作一个连续的过程，没有里程碑，没有起点，也没有终点。这个口号提醒我们，把注意力放在今天，而不是想着未来的 10 年或余生，只专注于今天这一刻。无论是戒烟、拒绝咖啡、少吃糖，还是不责怪自己，这种承诺并不是要你永远坚持，而是只做好今天。做出永恒的承诺听起来很可怕，特别是对于有成瘾倾向的人来说，想象自己“永远”做或不做某事是困难的。大多数人其实并不清楚“永远”意味着什么。

大部分人都能想象如何在今天做出并坚持一个承诺，因为他们清楚一天的意义，也相信自己能够兑现一天的承诺。然而，有时一天会显得很漫长，让人难以应对。在这种情况下，你可以尝试承诺做任何有意义的事情。比如每次承诺坚持一小时去做某事，并在一小时后再去查看自己做得怎么样，然后再给自己下一个小时做出承诺，并祝贺自己践行了上一个小时的承诺。就这样，一步一步地坚持下去。

#45 祷告的实际应用

祷告并不是仅仅针对神职人员、僧侣或瑜伽修行者[1]。简单来说，祷告就是与一个比你更有智慧的存在交流，他比你拥有更宽广的视野，并且有可能影响到你几乎无力改变的事情。

祷告的两种基本形式是祈祷和感恩。祈祷就是向这个存在

[1] 瑜伽修行者：也称瑜伽士，一般指多年隐居闭关密修，追求身心合一与精神觉醒的修行者，包括出家僧人与在家居士两类群体。——编者注

提出希望，伸出双手，为自己或他人祈求你想要的东西：“你能帮帮我患癌症的朋友吗？”或者“能否请你给我心理有创伤的朋友传递能够帮助他的能量？”你也可以为自己祈求：“请让我今天顺利！”“请帮我停止自责！”还有比如：“上帝，请在未来30天内赐给我一个新客户，如果它是顺应天意的事情。”

祷告的另一面是感恩。每当你的愿望实现时，你一定要记得表达感激，以便未来能实现更多的愿望。因此，当你得到所祈求的新客户时，你要说：“非常感谢你听到了我的祷告，给我带来了新客户。我非常感激。”

#46　祷告的陷阱

祷告有两大常见陷阱。第一个陷阱是把一切都交给神，而自己却坐视不管，不采取任何行动，妄图实现自己期待的结果。第二个陷阱是在愿望实现之后，你认为完全是因为自己的努力，而忽略了其他人的帮助。如果你祈祷了，就要承认这一点。如果你把所有功劳都归于自己，那就否认了祷告的力量或你得到帮助的事实。你需要小心这两个陷阱：认为祷告无用和独揽功劳。记住，你不必为了祈祷而相信上帝。

#47　数算祝福

就像所有消极成瘾的人一样，我们常常忽视生活中的积极事物，会把注意力集中在消极事物上面。小时候有一个游戏，里面有三个简单的加法问题（见图 8-1）。

6	8	9
+4	+5	+7
10	12	16

图 8-1　加法游戏

当你看到图 8-1 中的三列数字时，首先注意到了什么？请诚实地回答。你看到两列准确的数字和一列不准确的数字吗？你看到的是那列计算结果只差 1 的数字吗？大多数人被训练得只能看到“那一列是错的”。我们中的大多数人在看这三列数字时，都只看到了一件事：有一列数字是错的。我们甚至没有注意到另外两组是正确的。就像你在阅读美国国内的报纸时，你关注的重点是什么？你读到的是爆炸、谋杀、强奸、干旱、暗杀、火灾、战争；读到的是揭露贪污、腐败、不诚实、金融灾难和领导人的不道德。这种负面思维模式在潜移默化中影响了我们，让我们习惯性地忽视积极的一面，沉溺于消极的一面。

这也影响着我们对自己和他人的态度。我们常常把健康视为理所当然，直到生病才意识到健康的重要性。因此，学会数算自己的祝福，关注那些积极的方面，才能让我们的生活更加充实和快乐。

为了改变这种思维模式，你必须像鲑鱼一样逆流而上，与惯常的思维和行为对抗。这不仅适用于你对世界的关注，也适用于你对自己生活的关注。它涉及你如何看待你与自己的关系，以及你与周围人的关系。我们常常对很多事情习以为常，其中最明显的就是健康。我们总是把身体健康视为理所当然的，常常因为觉得麻烦而推迟手术，或者认为自己身体硬朗、无所不能。然而，当你失去健康时，你才会真正开始珍惜它。

#48　摆脱泥沼和困境

南希和她的伴侣之间产生了巨大的矛盾。她和罗伯特互相挑剔，为一些不重要的小事争吵不休，导致关系紧张。她感到非常沮丧。我问她有哪些值得她感恩的事，她悲伤地回答说："我认为没有。"她在感情关系中遇到的问题令生活中的其他事情都黯然失色。

我鼓励她回想一下，哪怕是微不足道的事情也好。她想了一会儿，黯然地说："我还活着，这也算值得感恩吧。"

我说："这是一个开始，还有其他的吗？"

经过一番回忆，她开始想起更多值得感恩的事情。首先，她的女儿健康快乐、身材很好。她正在做着一份很棒的工作。然后，她的车子也运转良好，账单付清了，她的头发看起来也很好，而且她的体重已经减少了两磅。随着这些积极的想法涌现，南希的感恩清单像滚雪球一样在增长。

我观察到她脸上的表情开始发生变化，原本低落的情绪逐渐被兴奋和阳光所取代，脸上的笑容也变得更加放松。

当你感到情绪低落时，可以试着列一个“幸福清单”。在这张清单上，记录下所有你值得感恩的事情，包括那些看似理所当然的小事。写完后，你一定要把它读三遍，让这些积极的想法在心里沉淀。

#49 向他人寻求支持

很多时候，我们容易陷入自我的思维模式，忘记了其他人也可能经历着和我们相似的困境。虽然你的问题可能让你感到很沮丧，甚至看起来特别棘手，但实际上，你的遭遇并不是独一无二的，可能有很多人也在面对类似的情况，这种认知会让你感到些许安慰。很多人会觉得自己的问题是最重要的，应该保密，认为没有人能理解他们的处境。

然而，问题的关键在于，越多地向他人寻求意见和支持，你就越能感受到自己的“正常”。感到“正常”是很重要的，因为当你觉得自己与众不同时，往往会感到孤独和疏离。孤独感和疏离感越强，“消极成瘾”的状况就会越严重。当你孤立无援时，消极情绪更容易控制你，恐惧感也会悄然侵袭你。

向他人寻求帮助可能会让人感到不自在，因为我们常常希望自己是完美的，能处理好一切问题。承认自己的不完美，承认自己不知道所有答案，承认自己可能需要他人的帮助，这些想法会让人感到尴尬。我们当中有多少人抱有不切实际的期望，认为自己应该是完美的，应该在第一次尝试时就做到完美，而没有任何问题？我们把这种压力强加于自身是多么残酷。

#50 默念咒语

当你发现自己处在熟悉的完美主义的思维模式时，选择一句口号或念一句“咒语”，提醒自己可以有不同的选择。下面是一些可以参考的句子：

- “你只能从错误中学习。你需要先做事，并从中发现自己犯的错误，才能成长。”
- “一切都是练习。”
- “不犯错误的人什么也做不成。”
- “我有选择的权利。我可以选择不完美。”
- “我不需要完美。我是不断进步的人！我的完美主义正在变成追求进步的心态！”

#51 利用积极的情绪触发点助力改变

就像低声默念咒语一样，当你需要帮助时，能随时用到自己喜欢的一些“口头禅”会非常有帮助。这些口头禅可以成为你积极情绪的触发点，给你加油打气。它们的目的是提醒你，你有选择的余地，不必总是用老办法解决问题。只要你愿意，你就有权利和能力去改变自己的行为。我们常常会忘记这一点，甚至觉得自己没有权利也没有能力去改变，但事实并非如此。

以下是一些口头禅的例子。

- 这只是一种模式。
- 我有选择的能力。
- 我没有必要慌张。
- 我这次可以做到哪些不同?
- 这种情况是暂时的，它终将过去。
- 坚持下去，一切都会改变的。

你可以选择其中一句，或者自己编写一句独特的口头禅。把它写下来，放在家中、办公室或车里显眼的位置。每当你需要提醒自己，你是生活的主宰，你有权按照自己选择的方式生活时，就用口头禅来提醒自己。

#52 选择的力量

很多时候，我们会忘记自己拥有多大的选择权。当你做出一个决定时，其实是在动用自己的能力，决定未来会怎样发展。你知道接下来会发生什么，也愿意承担这个选择带来的后果。每当你做出选择，就像是给反对者一个回应，让自己走向明确的方向。反之，当你犹豫不决时，就会抑制自己内心的智慧和行动能力。记住，你有选择的力量，这一点非常重要。

#53 也许蛋黄酱的背后就是答案？

露西是一个令人愉快的人。有一天，她来到我的办公室，说："这次我的教练目标是想知道，当我在厨房里漫无目的地走来走去时，我到底在做什么。"我有些疑惑，便让她详细说说。

她说："刚巧有一天晚上，我走进厨房，打开冰箱看了看，然后关上。接着我走到橱柜前，打开橱柜看了看，然后关上了柜门。然后我走到面包桶前，检查了一下，似乎在寻找什么。最后我回到冰箱前，打开冰箱门，心想：'它一定就在这里。我知道它一定在这里！'我站在那里，看着琳琅满目的食物，心想：'它是不是躲在蛋黄酱后面？或者它藏在牛奶盒后面？也许在某个抽屉里？'我发现自己在寻找着什么。事实上，我并不饿。我只是在寻找能填补内心空虚的东西。"

露西希望自己能够停止这种无意义的行为，并探寻行为背后的原因。

当你发现自己处于"自动"的行为模式时，请停下来，问问自己此刻的情绪感受。试着与自己真实具体的感受建立联系，而不是机械地去做一些事情来填补内心的空虚。

#54 如果没有收到任何“信息”怎么办？

不要惊慌。停下你正在做的事情，安静地坐下来，试着去接收信息。仔细倾听和观察。你需要静心等待信息的到来。信息会以多种形式出现——它可能会通过你的直觉直接传达，也可能会通过他人对你说的话进行传达，还可能通过书籍或其他阅读材料等几乎任何你能想到的形式进行传达。

信息是消极成瘾者康复过程的重要基础。它们不仅鼓励你相信自己的直觉，而且还会提醒你，只要你愿意聆听，生活中就会有智慧和慈悲的指引。

本书下一章会提供更多关于如何获取信息和智慧的内容。

09

倾听内心的智慧

每个人心中都有一种内在的直觉，能够判断什么人、什么地方对我们是合适的，什么时候该干什么，什么时候又该停下。你肯定听过**“万物皆有时”**这句话。这句话要表达的不仅仅是跟随季节变化、观察月亮的周期或星星的位置那么简单，远不止是遵循季节更替、月相盈亏或星辰方位那么简单。有人称之为第六感，还有人称之为女性直觉（尽管男性也有这种直觉），还可以被称为指引、内在指导、本能等等。但事情的真相是，如果我们真正诚实地面对自己内心的声音，就会发现它给我们的指导远比我们通常意识到的要多得多。

#55 精神 DNA，内在引领

我把这种内在的智慧称为精神 DNA。我们每个人的心底都蕴藏着一种与生俱来的智慧，它时刻在传递着关于我们生活选择的信息。如果你愿意去倾听，就能感受到这种无处不在的声音。它从未停息，但我们可以选择是否去关注。就像收音机在播放各种节目，但你不一定要每时每刻都在听。你可以调低音量，甚至关掉它。无论你在不在意，收音机的节目都在继续播放着。

这种精神 DNA 会向你发出各种信息：什么时候该运动，什么时候该休息，什么时候需要和朋友聚会，什么时候又该独处。它不断发出信号，提醒你需要什么。问题是，这些信息往往和你当下的计划不太一致，有时候甚至让人觉得不太方便。

想象一下，当你正忙着写论文时，突然心中冒出一个念头："给远在异国他乡的朋友打个电话。"你可能会对此感到困惑：为什么偏偏在这个时候收到这样的信息？于是你面临选择：是说服自己还是顺应这个念头。很多人倾向于说服自己，心里想："现在打电话不合适，我太忙了，她可能不在，我累了，等会儿再打。"但有时候，当你拨通电话时，朋友却会说："我刚好在想你，真巧！"

这些信息会提醒你什么时候该休息，什么时候该吃饭，什么时候该静一静，什么时候该去散步。只要你认真倾听，心中就会得到明确的指引：告诉你什么时候适合旅行，什么时候应该待在家里，什么时候该换工作，什么时候该结束一段关系，甚至是什么时候该停止手头的一切事情。

这些信息总是不断涌现。当你计划着做某件事情时，脑海中的各种念头可能会让你感到焦虑。你打算小睡一会儿，却又想起要写点东西，不能拖延；你打算去吃午饭，脑中却冒出“去洗手间”的想法；你打算看书，却又被念头引导去散步。

聆听这些内心的声音会面临两个挑战。首先，当你的思绪喋喋不休时，你根本听不见那些微妙的信息。那些信息就像轻言细语，而你心中的杂音却如雷鸣般轰响，淹没了它们。在叽叽喳喳的内心对话中，你很难听到自己真正的声音。其次，尽管你听到了那些信息，但往往还是会觉得它们太奇怪、太荒谬，甚至选择忽略。你可能会把这些微妙的信号当成无关紧要的干扰，拒绝去聆听。你不去聆听，而是贬低、诋毁、否认、忽视、漠视这些无时无刻不在传递的微妙而重复的信息。如果你与自己的感觉脱节，难以相信内心的指引，最终你可能会陷入“我不知道”的困惑中。要做好这一点，你需要学会倾听、接受、信任自己，甚至根据这些信息采取行动，才能获得生活的指引。

所有的信息都会来到你身边，甚至连你该吃什么、吃多少的建议也会传递给你。这些信息有时会以感觉的形式出现，有时则以声音或直觉的方式呈现。

#56 倾听身体的信息

当我吃饱后，身体会传来一种信号：“够了！”当然，在你吃饱时，你的身体也会告诉你。但很多人并不喜欢听从这种身体的感受，或者根本不在意自己的饥饿感和饱腹感。下次坐下来吃饭时，你可以试试下面这个练习：首先选择一些你和你的身体都想吃的食物。认真问问自己，今天身体想吃什么，然后倾听它的回答。

当你得到答案时，不要去评判或批评，只需单纯地接受这个想法。接下来再决定要吃什么，可以去超市买食材自己烹饪，或者去餐馆点一份你想吃的美食。

当一盘食物摆在你面前时，你可以先深吸一口气，再开始吃。吃第一口时，先把叉子、勺子、餐刀等放下，慢慢咀嚼食物，确保边咀嚼边呼吸。每吃一口都要这样做。在吃的过程中，不要急着准备下一口，不要边吃边喝水或给面包涂黄油。将注意力集中在咀嚼、呼吸和品尝食物上。

在这个过程中，留意一下“砰”的声音。这是肚脐下方、丹田部位传来的感觉，是消化道发出的微妙信息，它会告诉你：“够了，停下来吧。”这种感觉以前你可能从未留意过，但它确实存在。如果你认真倾听，就会发现它的存在。有时候，我会听到有人抱怨：“我吃东西总是很快就会有饱腹感！”他们不喜欢在盘子还没清空时就感到饱腹，觉得吃得少有些遗憾。

我会提醒他们，可以把吃不完的食物留着下次再吃。如果在餐馆，可以选择把食物打包带回家，给需要的人或者宠物分享。你要相信，这不是你最后一次享受美食的机会，也不必非要在一顿饭的工夫把人间快乐享受完毕。

通过“砰”这个练习，倾听你内心对于饮食的指引。相信你的身体，尊重它的需求，从而在享受美食时可以选择什么时候吃以及吃多少。

#57 搬家的信息

让我再举一个例子。1990 年，西蒙第一次来到加利福尼亚。他一直想来这里度假，旧金山是他的梦想之地。在那里，他突然产生一种强烈的感觉：有一天，他一定会离开纽约，搬到北加州去生活。他并不知道这会在什么时候、什么情况下发生，但他深信，总有一天他会在旧金山湾区安家。

起初，这种想法让他感到不安。他耿耿于怀，疑惑不解，试图弄清所有的细节。会是什么时候？他会做什么？他会住在哪里？如何养活自己？当然，他没有得到任何答案，所以思考这些问题毫无意义。但这并不重要，他很困惑，想知道什么时候会发生点什么。

其实，他的内心在传递某种信息。换句话说，他通过直觉感知到了未来的一些事情。虽然他没有理性的依据来解释为什么会有这样的感觉，但他内心的认知却异常清晰。在他找到具体理由之前，他就知道未来会有大事发生。

几年过去了，西蒙参与了许多项目和活动，渐渐忘记了加州的事情。一天，他在纽约接到一个朋友的电话，邀请他去旧金山。那时，他正处于人生的转型期，非常期待下一步的变化。他欣然接受了邀请，但却没有把这次旅行和1990年的那种感觉联系起来。到达旧金山后，他住在一个多年前就认识的老朋友家中，开始融入这座城市的生活。

第三天，他突然意识到，这正是他多年前所感知到的事情的应验。他内心深处知道，此刻来到旧金山是正确的，尽管他无法解释为什么。他早在多年前就预感到这一天会到来，而现在，这一天终于来临了。这种感觉让他觉得似曾相识。他明白，这里有他需要学习的课程，他将迎来一个重要的发展阶段。旧金山，正是他人生的不二之选。

#58 摆脱困境的特别信息

戴安娜是一名窗帘设计师，专门为百货公司的橱窗设计窗帘。她常常面临找工作的困难。在一次谈话中，我好奇地问她："戴安娜，除了设计窗帘，你有没有其他想做的事呢？"

她愣了一下，瞪大眼睛问："什么意思？"

我解释道："通常，人们如果知道自己想要什么，就会更容易得到。如果没有得到，可能是因为心里有些东西在阻碍他们。比如，他们不相信自己能实现愿望，或者害怕实现这些愿望，甚至可能还执着于过去的选择或应该做的事情，而不是追求现在真正想做的事情——换句话说，就是内心真实的渴望。"

她想了10秒钟，终于说："你想知道我真正想要的是什么吗？”

“当然，告诉我，你想去哪里？”我问。

她就像被洪水冲垮了闸门一样，激动地说：“当然，我想去巴黎，大家不都想去吗？”

我回答道：“其实不是，但这无关紧要，重要的是你真的想去巴黎吗？”

“当然，我想在巴黎生活。多年来，我一直觉得那里才是我的归宿。不过，我有家庭、有孩子，还有责任，现在根本没法做到。”

在这段对话中，我不断提醒她，她的生活充满了挣扎和努力。我问她，现在的生活与她对巴黎的渴望之间是否有联系。

最终，她坦白说，她已经做了15年的窗帘设计，她不想再继续下去了。她承认自己一直在拒绝追随内心的声音，而巴黎是她心底唯一向往的地方。

我告诉她，无论她住在美国还是欧洲，这并不重要，真正关心她的只有她自己。经过几次深思熟虑，她终于决定要冒险去追寻自己的梦想，去巴黎生活。她在24小时内租好了房子，10天后就处理好了所有事务，带着女儿启程前往巴黎。

一个月后，我收到了她的明信片，上面写着：“谢谢你鼓励我去倾听内心的声音。我喜欢这里，我从未如此快乐过。我现在终于来到了正确的地方，一切都会好起来的。祝福你们！爱你的戴安娜。”

这些内在讯息正是如此——它们不合常理、违背逻辑，甚至挑战理性，看似荒谬却直击心灵。当你选择倾听时，仿佛置身于另一个维度；而一旦依循这种指引生活，你便与混沌的世俗世界分道扬镳。这类讯息无法被科学、理性或分析的框架所容纳。如果你开始连接高维的自我，聆听那些微妙的启示，在旁人眼中，你或许早已“离经叛道”了。

我们自己有时也会质疑这些信息，因为有太多悬而未决的疑问，比如：“如何区分真正的指引与头脑的妄念？是收到的讯息还是自己想偷懒，界限何在？”或者“怎么知道这不是自我放纵？遵循直觉难道不会招致麻烦吗？”当然这些问题自有答案，其实所有这些质疑背后真正的声音是：“这完全背离了我所受的教育，我很惶恐，不知所措。我害怕这些启示，因为它们虚无缥缈、无凭无据……”

去街角站着！

巴兹曾就读于东部一所著名大学的商学院，他非常传统，一直秉持着父母传承下来的价值观。最近，他和妻子以及另外两对夫妇一起去波士顿旅游。由于人多，他们开去了两辆车。这天，他们相约在一家餐厅共进晚餐。巴兹和妻子先到餐厅，耐心等待其他人到来。等的时间有点长，酒上来的时候，巴兹似乎听到了内心响起一个清晰的声音：“去街角站着。”他心里想："大家都知道我们约定的地方，为什么我还要去街角呢？再说，现在是2月，外面冷得要命，雪还在下，他们很快就会来的。"

等到上了沙拉，他又听到了那句"去街角站着"，这次的声音更加清晰、响亮。虽然心里有些不安，但巴兹还是坚持不去街角，他心里反驳着："大家都知道我们在这儿见面，他们那么聪明，不会迷路的。我还是喜欢和妻子在一起取暖、喝酒、听音乐。"

等到服务员第三次过来点菜时，巴兹内心里"去街角站着"的声音再次响起，极其清晰而且声音非常大。经过一番挣扎，巴兹决定听从内心的声音。他无奈地对妻子说："我得去街角等一下。"

妻子好奇地问他为什么，他说："别问了，我马上回来。"

巴兹一边嘀咕着，一边穿过餐厅，心里觉得自己挺傻的。当他刚刚走到街角，正好看到一辆车驶来，正是他的朋友们。他告诉他们等会儿到餐厅里，他会边喝酒边解释。等大家停好车，走进餐厅坐下来，便各自开始诉说起刚才的经历。

原来巴兹的朋友们先前去了对面同名的餐厅，怎么也找不到巴兹和他的妻子，几乎要放弃共进晚餐的念头。正当他们开车在波士顿转悠时，猛然看到巴兹就站在街角。大家都开心地笑了。巴兹心里暗想，自己当初为什么要站在街角。奇妙的是，他觉得自己的选择是对的，尽管起初他并不知道自己为什么要这么做。

信息就像人生中的寻宝线索，虽然它们不一定有深意。它们只是告诉你该去哪里或该做什么，如果你想赢，就得相信并遵循这些信息。

信息的形式多种多样，它们可能以内心指令的形式出现，就像巴兹的故事里一样，也可能是朋友们的建议，甚至是电话、信件、书籍等任何你能接收到的内容。关键是，这些信息不会轻易消失，它们会反复出现。如果同样的信息出现三次，那就一定要停下来好好想想，加以重视。

上帝会救我的！

这是一个有关一位虔诚信徒的故事。他独自住在自己的房子里，每天都在祈祷，坚信上帝会在危难时刻保护他。

一天，天空开始下雨，雨越下越大，最后变成了洪水。有人急匆匆地跑来，对他喊道："快跟我们去安全的地方！"

可是他却坚定地说："上帝会救我的！"

水位越来越高，这时，一辆大车涉水而过，车内的人也邀请他："快上车，我们带你去安全的地方！"他依然拒绝："谢谢，上帝会救我的！"

水位继续上涨，他只好爬上二楼。此时，一艘船靠近了，船上的人对他说："抓住救生圈，我们可以救你！"但他还是回答："上帝会救我的！你们走吧，我再等等。"

最后他不得不爬到房顶上自保。恰巧一架直升机过来，飞行员向他喊道："我扔一根绳子给你，我们把你拽上来。"

不出意外地，他说："上帝会救我的！你们看着，他随时会来救我的！"

最后，水淹没了他，他死了。当他到天堂时，上帝问他："你怎么会在这里？你不该来的！"他也满心困惑地问："我一直在等您来救我，却一直没等到，这是怎么回事呢？"上帝说："我给你派去了人、车、船和直升机，你还想我怎么救你？"

问题的关键在于，信息常常会以各种形式出现，我们需要调整自己的心态，才能抓住这些信息。生活中的蛛丝马迹总是存在的，但有时候我们却被固有的想法所束缚，忙着寻找那些看起来"显而易见"的线索。好像你非要上天显现神迹或者天上掉个馅饼一样，却可能对每日出现在眼前的讯息视而不见——只因它不符合你预设的模样。切记不可执着于事物"应有的样子"，因为现实往往与你脑海中的图景大相径庭。

必要时，提示信息会击垮你

乔治面临着巨大的压力，不得不搬去另一间公寓住，这让他感到无所适从。他和妻子的关系也不太好，还是个工作狂。他的身体不断发出休息的信号：肌肉酸痛、妻子的劝告、持续的疲劳和每天的头痛，但他选择无视这些，一味地加倍努力工作。终于有一天，他在抬一个箱子时，背部突然抽筋，动不了了，最后不得不被送进医院。躺在病床上的乔治回想起自己忽视的种种警告，明白自己是咎由自取。他下定决心，今后一定要在身体被击垮之前及时倾听身体发出的信号。

响亮而清晰的消息

莎莉要求，在自己与合伙人亚历克斯会面时，所有来电都转给她的秘书。这期间大概有 20 个来电，只有一个来电引起了她的注意。她本能地觉得必须接这个电话，结果这个电话果然是她一直在寻找的合伙人麦克斯打来的。

“铃声响起时，我有一种强烈而清晰的冲动想要接电话。”莎莉对亚历克斯说。

暗藏玄机的信息

乔心里一直有一个声音，促使他想搬到华盛顿。这个想法让他感到无比烦躁。他常常自言自语：“我在华盛顿没有工作，也没有住的地方，我到底该怎么办？难道只是去那里闲逛吗？”

这种令人烦恼的想法在他脑中不断闪现，几乎要把他逼疯了。

一天，他在街上散步，突然有一片被风吹来的撕碎的小说纸页飘到了他的腿边。他弯下腰捡起来，看到上面写着：“莉比感到困惑。她当然希望能有机会去华盛顿，但科尔为什么要如此小题大做呢？”

乔当时吓了一跳，心想：“这信号真是来自四面八方啊！”

我们见面时，他还在为这件怪事感到震惊。我问他想如何处理这个信号、他反复出现的感觉以及现在小说中的这一页纸。他承认，这一切对他来说实在是太过离奇。他觉得自己至少应该去华盛顿看看，搞清楚是什么东西在吸引着他。他心想，去到那里，也许能找到新的线索，事情就会变得明朗起来。最终，乔真的去了华盛顿，结果在那里遇到了他的女朋友帕姆。看似偶然的相遇，却为他们的未来打开了新的篇章。

创意信息

玛丽恩从未想过自己会成为一名画家。记得第一次上绘画课时，她的作品简直让人哭笑不得——她只会画一个冒着香槟气泡的鸡尾酒杯。她一直觉得自己没有艺术细胞，连美术老师都深以为然。

然而，15 年后的某一天，玛丽恩在一个离家很远的城市里，偶然在一本笔记本上随手涂涂画画时，她被自己的涂鸦吸引了，心中萌生出一种奇妙的感觉。随着时间的推移，她开始享受这种创作的过程，逐渐放下了对自己的怀疑，开始顺其自然地画画。

接下来，她的创意又一次迸发——她想为涂鸦添加色彩。于是，她一次次地尝试，涂鸦和上色的技巧也在不断进步。不久后，她便在一家颜料店买下了自己最爱的五彩颜料，开始在小方格纸上创作，渐渐地，这些小纸张变成了 1.5 米见方的巨大画布。

最终，玛丽恩开了自己的第一个画廊，竟然卖出了六幅画！虽然她仍然不是传统意义上的“画家”，但她对色彩和光线的运用能力，成功地为她赢得了一份艺术家的工作。

如今，玛丽恩的内心被一种新的冲动驱使着——让自己继续涂鸦，再添加色彩，直至完成一幅完整的画作。虽然这些灵感有时显得无厘头，但她明白，重要的不是这些细节，而是她能倾听自己内心的声音，投入自己热爱的艺术中去。

本书下一章将帮助你设计你的新生活。

10

实现内心的宁静

实现内心宁静有10个步骤，每一步都对整个过程至关重要。我们最终的目标是找到内心的平和，结束内心的纠结和争斗。消极成瘾是缺乏内心宁静的表现，是一种带有自我侮辱性质的内心对话，会让你远离自尊和自爱的状态。克服“消极成瘾倾向”是通往内心宁静的第一步。

然而，内心宁静是一把双刃剑。追求内心宁静并不是通过简单的放弃或满足现状来实现的，也无法通过强迫或执着达成。内心宁静是一种宇宙两极之间的平衡。它意味着不再执着于他人对你的看法，也不再拘泥于事情“应该”的样子。这并不要求你一定要以进化的、有意识的或神圣的方式行事，而是让你展现出真实、完整的自我，能够直面真相，并愿意停下来感受、聆听和学习。内心宁静代表着与你的最高自我建立深刻的连接。

“内心宁静”清单列出了人们一生中可能经历的各个阶段。任何人都可能在某一个阶段驻足，并在那个阶段度过余生；也可以通过反思、内省和沉思，追寻更深层次、更有意义的道路。如果一个人的终极目标是寻求内心的平和与宁静，那么这份清单可以成为他的指南和参考。

当你达到自我实现的状态时，意味着你已经完全放下了消极成瘾的倾向。然而，你会发现，无论是明星还是普通人，消极成瘾现象都可能存在于人生的每一个阶段。

阅读下面这份清单，定位你当前所处的阶段，看看你已经学到了什么。同时展望未来，看看你是否想要走完内心宁静的全部旅程，迈向更深层次的宁静，与自我和解。

生　存

生存是人生发展最基础的阶段，直接关系到生命的存亡。这个阶段的核心是满足基本的生存需求，如食物、水和空气。如果这些需求得不到满足，人就无法生存下去。

奋　斗

奋斗是生存阶段的延续。奋斗超越了单纯的生存需要。在这个阶段，人们为摆脱日复一日的忙碌生活而努力，每天为生计奔波。奋斗意味着你试图保持前进的状态，避免退回到仅仅为了生存而挣扎的状态。

稳　定

稳定是一种相对平衡的状态和境界，到了这个阶段，你的生活可以相对稳定，无须因为柴米油盐和别人抗争。当你处于稳定状态时，你可以喘一口气，稍作停顿，反思人生道路。虽然状况仍可能发生变化，但事情暂时进入了一个稳定的节奏。

自主决策

在这一阶段，你开始掌控生活，能主动决定自己的未来。你的生活已不再被动，你能够迎接挑战，并做出关键选择，决定自己的命运。

寻　找

到达寻找阶段时，你开始探索生活的更多可能性。你试图发现生命的意义和目的，并将它们与自己的生活相联系。这个阶段充满了思考和寻求答案的渴望。

努力前进

努力前进意味着你已经看到了目标的曙光，并能为之不懈奋斗。你清楚自己还没有到达终点，但你会全力以赴，渴望实现目标。“再努力一次”成为你的口头禅，你绝不会轻易放弃。

明　星

明星阶段是努力前进实现突破后所到达的阶段。在这个阶段，你从物质角度已经获得了成功。你的成就、才能和努力得到了外界的认可。金钱和名誉让你体验到一种“完成目标”的满足感。如果你没有更高的精神追求，那么成为明星可能会成为你的终极目标；如果你有更高的精神追求，你会明白，这只是人生旅程中的一个驿站，离真正的目标还有很长的路要走。

自我实现

进入自我实现阶段的人深知，财富和名声虽然诱人，却无法真正创造幸福。自我实现者言行一致，言出必行，并能够随心所欲地实现自己的愿望。他们将人生视为一部艺术作品，能运用生活的智慧和艺术成就自我。

宁　静

内心宁静是一种平静、平和、光明、清晰和确定的状态，表明人已达到自然觉知的状态，是从“我能”超越到“我知”的境界。它象征着中道[1]、谦卑与充满智慧的状态。内心宁静意味着人完全活在“我能”的状态中，清楚地了解自己是谁、

[1] 中道：佛教用语。所说道理不堕极端、脱离二边即为中道。佛家将中道视为最高的真理。——编者注

生命的目的是什么，以及如何去实现这一切。

圣　人

成为圣人是少数人才能达到的境界。圣人被定义为完全投入自己的生命使命并全心全意为他人服务的人。尽管成为圣人是人生的终极目标，但这并不是每一个人的终极追求。

尊重自己是本书的核心思想之一。我们要以尊重、庄重和仁慈的态度对待自己，相信自己值得拥有一切美好的事物。通过这种信念，你可以让自己拥有快乐、财富和闲暇时光，从而丰富自己的生活。如果你希望生活变得更加美好，就要选择相信“美好生活是能够实现的”。这意味着你需要做到突破、放下、激发、接受、允许、感受、祈祷、聆听信息——通过这些实践，你才能化解自己的“消极成瘾倾向”，实现你内心的愿望。

每个消极成瘾者都有可能达到内心宁静的境界。从此刻开始，快开启你康复的旅程，彻底征服你的消极成瘾倾向。只要你愿意，只要你渴望、有信念和敢于承诺，你绝对可以做到。相信自己，相信你能做到，认真过好每一天，向你的精神向导寻求帮助。

你将拥有梦想中的一切，实现内心真正的宁静与幸福！

参考文献

[1] Bradshaw, J. John *Bradshaw on The Family: A New Way of Creating solid self-Esteam.* Dearfield Beach, Florida: Health Communications, Inc. , 1996.

[2] Carson, Richard *D. Tamig Your Gremlin: A Guide to Enjoying Yourself.* New York and San Francisco: Harper & Row, 2009.

[3] Clarke, J. I. *Self-Esteem: A Family Affair.* Hazelden, 2013:Winston Press, 1978.

[4] Colninger, Robert C. ; Reich, Theodore; Siguardson, Soren;Knorring, Anne-Liis; and Bonman, Michael. "Effects of Change in Alcohol Use Between Generations on Inheritance of Alcohol Abuse," In *Alcoholism:* Origins and Outcome, edited by R. M. Rose and J. Barrett. New York: Raven Press, 1988.

[5] Einsrein, S. , ed. , *The International Journal of the Addictions* (1987): 22:1167-1324.

[6] Fillmore, Kaye Middleton. "Alcohol Problems from a Sociological Perspective." In *Alcoholism: Origins and Outcome*, edited by R. M. Rose and J. Barrett. New York: Raven Press, 1988.

[7] Fingarette, *H. Heavy Drinking: The Myth of Alcoholism as a Disease.* University of California Press, 1988.

[8] Forward, S. , and J. Torres. *Men who Hate Woman and the Woman Who Love Them.* New York: Bantam Books, 1986.

[9] Froehlich, Janice C. , Ph. D. *Opioid Peptides* from the Neurotransmitter Review.

[10] Goodwin, Donald W. *Is Alcoholism Hereditary*? New York: Ballantine Books, 1986.

[11] Gravitz, Herbert L. , and Julie D. Bowden. *Recovery: A Guide for Adult Children of Alcoholics*. New York: Simon & Schuster, 1987.

[12] Guze, Samuel B. ; Cloninger, Robert C. ; Marthin, Ronald; and Clayton, Paula J. "Alcoholism as a Medical Disorder." In *Alcoholism: Origins and Outcome*, edited by R. M. Rose and J. Barrett. New York: Raven Press, 1988.

[13] Helzer, John E. ; Caninno, Glorisa J. ; Hwu, Hai-Gwo; Bland, Roger C. ; and Yeh, Eng-Kung. "A Cross-National Comparison of Population Surveys with the Diagnostic Interview Schedule." In *Alcoholism: Origins and Outcome*, edited by R. M. Rose and J. Barrett. New York: Raven Press, 1988.

[14] Jensen, M. "Understanding Addictive Behavior and the Theory of Psychological Reversals." *American Journal of Health Promotion* (Winter 1987): 48:57.

[15] Kagan, D. , and R. Squires. "Addictive Aspects of Physical Exercise." *Journal of Sports Medicine* (1985): 25:227-237.

[16] McKay, M. , and P. Fanning. *Self-Esteem*. Oakland, California: New Harbinger Press, 1987.

[17] Meyer, Roger E. "Overview of the Concept of Alcoholism." In *Alcoholism: Origins and Outcome*, edited by R. M. Rose and J. Barrett. New York: Raven Press, 1988.

[18] Milkman, H. , and H. J. Shaffer. *The Addictions: Multidisciplinary Perspective and Treatments*. Lexington, Massachusetts: Lexington Books, 1987.

[19] and S. Sunderwirth. *Craving for Ecstasy: The Consciousness and Chemistry of Escape*. Lexington, Massachusetts: Lexington Books, 1987.

[20] Miller, W. "Brief Report: *Addictive Behavior* and the Theory of Psychological Reversals." *Addictive Behaviors* (1985): 10:177-80.

[21] Murray, Robert M. ; Gurling, Hugh; Bernadt, Morris W. ; and Clifford, Christine A. "Economics, Occupation, and Genes: A British Perspective." In *Alcoholism: Origins and Outcome*, edited by R. M. Rose and J. Barrett. New York:

Raven Press, 1988.

[22] Norwood, R. *Women Who Love Too Much: When You Keep Wishing and Hoping He'll Change*. Los Angeles, California Jeremy P. Tarcher, 1988.

[23] Peck, M. S. *The Road Less Traveled*. New York: Touchstone Books (A Simon & Schuster Imprint), 1978.

[24] Peele, S. *Visions of Addiction: Major Contemporary Perspectives on Addition and Alcoholism*, Lexington, Massachusetts: Lexington Books, 1988.

[25] "What I would Most Like to Know: How Can Addiction Occur with Other Than Drug Involvements?" *British Journal of Addiction* (1985): 80:23-25.

[26] Restak, Richard. *The Brain: The Last Frontier*. New York: Warner Books, 1987.

[27] Robins, Lee N. , Helzer, John E. ; Przybeck, Thomas R. ; and Regier, Darrell A. "Alcohol Disorders in the Community: A Report from the Epidemiological Catchment Are." In *Alcoholism: Origins and Outcome*, edited by R. M. Rose and J. Barrett. New York: Raven Press, 1988.

[28] Schaef, A. W. *When Society Becomes an Addict*. New York and San Francisco: Harper & Row, 1987.

[29] Vaillant, George E. "Some Differential Effects of Genes and Environment on Alcoholism." In *Aloholism: Origins and Outcome*, edited by R. M. Rose and J. Barrett. New York: Raven Press, 1988.

[30] Witkin, G. *Quick Fixes & Small Comforts: How Every Woman Can Resist Those Irresistible Urges*. New York: Villard Books, 1988.

[31] Woititz, *Janet G. Adult Children of Alcoholics*. Pompano Beach, Florida: Health Communications, Inc. , 1983.

诚　邀

如果您有兴趣加入我们的“消极成瘾”（NEGAHOLICS）主题邮件列表，请发送电子邮件、写信或致电：

3067 Silent Wind Way

Henderson，Nevada 89052

电子邮箱：office@themms.com

电话号码：（800）321-NEGA（6342）

译者简介

王　薇

国际自然领导力中心教练，美国领导力管理发展中心（LMI）教练，横向领导力教练。拥有多年企业高管经历，师从谢莉博士的大师高管教练项目。教练客户包括众多五百强企业。

杨桂英

国际教练联合会认证专业级教练（ICF PCC），师从谢莉博士的转型高管教练项目，团队教练与心智韧性发展专家。拥有 20 余年人才发展经验、13 年财富 500 强企业人才发展实战经验，以及拥有超过 7 年的顶级咨询公司领导力发展项目经验。曾服务雀巢、京东物流、ABB 中国等龙头企业，累计教练辅导超过 1000 名管理者，帮助他们获得突破，其教练方法论与《消极成瘾》倡导的“转化消极心智”路径高度契合。